ÉTUDE SUR LES MASSIFS DU CHABLAIS

COMPRIS ENTRE L'ARVE ET LA DRANCE

PAR

M. Aug. JACCARD

Professeur de Géologie à l'Académie de Neuchâtel (Suisse)

La région dont l'étude m'a été confiée par le service de la carte géologique de France fait partie de ce que nous pourrions appeler le *Polygone chablaisien*, caractérisé par le développement de terrains dont le faciès diffère considérablement de celui des *Chaînes crétacées calcaires du Faucigny*. Elle est inscrite dans la partie nord de la feuille d'Annecy, et comprend en outre quelques enclaves de la feuille Thonon. dont l'étude a été confiée à notre confrère M. Renevier.

De toute la Haute-Savoie, c'est la région la moins explorée jusqu'ici et, j'ose le dire, celle qui présente le plus de difficultés pour la détermination des assises géologiques, tant par l'absence presque absolue des fossiles, que par le développement de faciès particuliers, qui ne peuvent être comparés à ceux d'autres régions alpines.

Ces difficultés stratigraphiques se rencontrent aussi dans la partie nord du Chablais; mais là l'observateur trouve du moins, dans la disposition et la direction des chaînes ou des plis anticlinaux et synclinaux, une base d'opération d'une importance incontestable et qui facilite singulièrement le travail. Comme on le verra par la suite, il ne m'a pas été possible de prendre comme point de départ les études de mes devanciers, MM. Alphonse Favre et Ebray. Le premier a lui-même fait aveu d'impuissance à distinguer les diverses assises des terrains, le second n'a étudié que d'une façon théorique certains points isolés du territoire, tels que le Môle, la Pointe d'Orchex, etc.

On ne sera point surpris dès lors qu'il m'ait fallu plusieurs années de recherches consécutives avant de trouver la solution des questions embarrassantes qui se présentaient à moi. Ce n'est que dans mes dernières tournées, en 1890 et 1891, que je suis parvenu, sinon à les résoudre, du moins à me faire une idée générale de la structure géologique de cette contrée. Le moment étant venu de livrer mon travail, je m'exécute avec la pensée que cet essai, tout imparfait qu'il soit, facilitera la tâche de ceux qui, dans l'avenir, voudraient chercher la solution des questions que je n'ai pu résoudre [1].

Au point de vue géographique et orogéologique, la région que je vais décrire se subdivise en *massifs* plus ou moins bien délimités, qui sont, de l'ouest à l'est:

1º Le massif éocène *des Voirons et du Mont Vouant*, dont l'étude spéciale est dévolue à mon collègue M. Renevier.

2º Le massif ou zone allongée S.-N. de jurassique inférieur de la *Pointe du Braffes et du Miribel*, qui se prolonge au N. sous le nom de Mont d'Hermone.

3º *Le massif du Môle*, avec sa base de collines calcaires à l'ouest vers le château de Faucigny.

4º *Le plateau polygonal du Pradely*, avec les sommités de la *Pointe de Marcely, du Roc d'Enfer*, etc.

5º *Le massif de la Pointe d'Orchex.*

6º *Le plateau tertiaire des Gets* avec les massifs du jurassique inférieur des *Pointes d'Angollon*, des *Nions*, les *Hautforts*, etc.

---

[1] Une des difficultés pratiques de l'étude de cette région, que je voudrais encore signaler, est la confusion des noms propres de la carte; ainsi plusieurs cours d'eau portent le nom de *Floras*, les cols, sont des *Couz* ou des *Coux*, sans autre désignation, tel nom, indiqué sur la carte est inconnu des habitants. Plusieurs sommités élevées n'en portent aucun, tandis que d'autres en ont deux, etc.

PREMIÈRE PARTIE

GÉNÉRALITÉS SUR LES TERRAINS

En présence de la difficulté que présente la détermination de l'âge géologique des diverses assises sédimentaires dont nous aurons à parler, il ne sera pas hors de propos de dire quelques mots de la nomenclature ou de la terminologie adoptée dans ce travail.

Il importe en effet, me semble-t-il, avant d'entreprendre la description des massifs, de définir quelques-unes des expressions qui se sont introduites depuis quelques années dans la géologie alpine, particulièrement en Suisse où, dans certaines régions, se développent des faciès analogues à ceux du Chablais.

1. TERRAINS MODERNES

Cônes torrentiels. — Le versant escarpé et souvent abrupt des massifs du Môle, du Pradely, etc., est, ça et là, affecté par des ravins profonds, livrant passage à des torrents chargés de débris de rochers, qui viennent s'étaler dans les vallées sur un espace parfois assez étendu. Les cônes torrentiels de Valentine près de Samoens, du Foron près de Tanninges, sont les plus importants.

Éboulis sur les pentes. — Indépendamment de ces cônes torrentiels, il y a, au pied de presque toutes les parois de rochers, des accumulations de matériaux provenant de la désagrégation des massifs supérieurs, auxquelles nous donnons le nom *d'éboulis*, et qu'il ne faut pas confondre avec les éboulements. Quelquefois ils se couvrent de végétation, souvent ils sont nus et arides, et font obstacle à l'étude géologique du sol. C'est en particulier le cas à la base des collines calcaires entre Faucigny et le Môle, entre Tanninges et Samoens, etc.

Terrasses post-glaciaires ou graviers quaternaires. — Les cônes torrentiels et les éboulis sont, en quelque sorte, des formations accessoires, depuis longtemps en voie de développement. Elles se superposent et se confondent plus ou moins avec les dépôts de graviers et de galets provenant du remaniement des moraines glaciaires.

Les graviers quaternaires sont très puissants dans la vallée du Giffre, où ils sont souvent cimentés et agglomérés et forment de véritables poudingues. Ils sont presque toujours accompagnés de puissants dépôts de tuf calcaire, plus ou moins caverneux et pénétrés d'incrustations stalactiformes.

Dépôts glaciaires. — Ils jouent un rôle particulièrement important et sont un obstacle fréquent à l'étude géologique, surtout dans la partie occidentale de notre région. Souvent recouverts par la végétation, ils sont cependant mis à nu par l'érosion sur plusieurs points dans la vallée de la Menoge, aux environs de Mieussy, etc.

En général les matériaux glaciaires ne paraissent pas provenir de grandes distances, mais plutôt des montagnes voisines du lieu où on les observe. C'est ainsi que les calcaires urgoniens, les roches du Gault, etc., provenant des environs de Sixt, se retrouvent encore à Tanninges, mais on n'y observe aucune des roches du Mont-Blanc, qui semblent s'arrêter à Châtillon et au col de Coux à l'ouest de la Pointe d'Orchex.

Il faut en outre signaler l'existence de *moraines minuscules* sur le plateau des Gets, sur celui du Pradely, etc. L'une d'elles, descendant du col de Vésine, a 50 mètres de largeur et 300 mètres de longueur.

Les blocs de brèche du massif du Roc d'Enfer remplissent la partie supérieure de la vallée de Bellevaux. On les retrouve aussi, nombreux, à la surface du plateau du Pradely.

Je n'ai pas eu l'occasion d'observer les dépôts d'*alluvion ancienne* pré-glaciaire, si développés dans la vallée de la Drance. Il est fort possible qu'il en existe dans la vallée du Giffre ainsi que dans celle de l'Arve inférieure.

2. TERRAINS TERTIAIRES

Molasse miocène. — Un dépôt de grès assez étendu et puissant occupe la base du Môle, de Bonneville à Marignier. D'après A. Favre elle serait lacustre et d'âge miocène. La rareté des fossiles en rend l'étude ingrate, et je me borne à rappeler son existence.

Grès éocènes. — Le groupe tertiaire inférieur constitue une partie importante de la surface du sol et atteint, sur certains points, une grande puissance. Il y a lieu de distinguer deux, et même trois faciès, plus ou moins synchroniques, et que l'on ne peut considérer comme des étages dans le sens stratigraphique.

Le *Grès des Voirons* a été décrit sous le nom de *grès nummulitique*, par A. Favre, qui dit avoir recueilli quelques rares nummulites au dessus des couches à fucoïdes et des grès du grand escarpement des Voirons, c'est-à dire, en

dehors des limites de notre territoire Ces couches à fucoïdes et à Nummulites
ne paraissent avoir un caractère très subordonné. Le fait est qu'elles ne se retrouvent pas au Mont-Vouant, formé de grès dur et de conglomérats de blocs
calcaires, de quartzites, de schistes argilo-micacés du terrain houiller, etc.

Flysch. — En avançant à l'est, les couches tertiaires présentent d'une manière beaucoup plus accusée les caractères du flysch tel qu'on l'observe dans les
Alpes calcaires de la Suisse. Les couches calcaires et marno-calcaires à fucoïdes
et helminthoïdes alternent avec des grès durs, en couches minces, bien différents
des grès et poudingues du Mont-Vouant.

Cargneules e² c. — Ainsi que l'a démontré Maillard [1] une partie des zones de
cargneule et de gypse que Favre considérait comme étant d'âge triasique devront
être rapportées à des formations plus récentes. C'est en particulier le cas du
gypse du Bouchet et des cargneules qui l'accompagnent. J'établirai plus loin
les raisons qui m'engagent à considérer ces terrains comme éocènes, et probablement du commencement de l'époque tertiaire [2].

Comme on le voit, le faciès nummulitique fait absolument défaut dans le
périmètre de notre région, et il paraît en être de même dans les chaînes au sud
du Léman. Je n'ai pas à en rechercher la cause, il suffit de signaler le fait en
passant.

TERRAINS CRÉTACIQUES

Sénonien, couches rouges. — On connaît depuis longtemps en Suisse sous le
nom de *Seewer-schicht. Seewer-Kalk,* des roches dans lesquelles ont été recueillis
les fossiles caractéristiques de la craie supérieure, ou sénonien. Le faciès
marno-calcaire, hydraulique a été reconnu dans toute la lisière nord des Alpes,
mais le plus souvent sans fossiles. Presque partout les couches présentent une
coloration qui va du rouge vif ou violet au gris ou au gris-verdâtre, mais
l'usage a prévalu de les appeler *couches rouges.* A défaut de fossiles, mollusques
on rayonnés on y remarque la présence de foraminifères assez volumineux pour
être visibles à l'œil nu et qui, d'après M. Schardt appartiennent aux espèces de
la craie sénonienne.

Comme nous le verrons. les couches rouges présentent un massif assez puissant entre la vallée de Mégevette et celle de Bellevaux. On les rencontre
encore, dans les positions les plus variées, jusque près des hautes sommités,
où elles se trouvent comme resserrées ou pincées dans des plis secondaires,
indépendants, des alignements synclinaux ou anticlinaux. Je n'ai observé nulle

---

[1] *Notes sur la géologie d'Annecy,* etc., p. 30.
[2] Note A.

part les couches franchement calcaires du Seewer-Kalk, qui sont si développées dans la région au sud de l'Arve. Faut-il admettre que nous avons là deux faciès de dépôt contemporains, c'est ce que je ne saurais décider; il me suffit d'énoncer le fait [1].

Les couches rouges reposent indifféremment sur le Néocomien, sur le Malm, sur le Dogger, etc. Du Gault, de l'Urgonien, aucune trace dans notre région, quoique ces terrains apparaissent bien caractérisés et buttent en faille à notre limite orientale au nord de Samoens, ainsi que dans le Faucigny.

Néocomien — Avons-nous le droit d'appeler Néocomien les calcaires gris en couches minces, pénétrés de lentilles ou rognons de silex, qui apparaissent sur divers points de notre territoire? Cela est évident lorsque, comme au Réret, nous y trouvons des fossiles ; pourtant, à défaut de ceux-ci, la pétrographie semble fournir des indices suffisants ; le fait est qu'il y a en tout cas un disparate absolu entre les calcaires du Malm et ceux que nous avons ici en vue. Des changements importants ont dû se produire dans la sédimentation et d'ailleurs, sur nombre de points, on constate l'absence de ces couches entre le Malm et le Sénonien. Disons encore qu'il s'agit ici du Néocomien *faciès alpin* et non du Néocomien *jurassien* (sauf peut-être au Réret, où les deux faciès semblent se rencontrer).

4. TERRAINS JURASSIQUES

A l'exemple des géologues allemands je désignerai sous le nom de *Malm* les assises du jurassique supérieur et sous celui de *Dogger* celles du jurassique inférieur. Ici encore nous retrouvons divers faciès dans lesquels il n'est pas possible de distinguer des étages, dans le sens stratigraphique.

Malm calcaire de la Vernaz. — Aux carrières de la Vernaz, au-dessus du point de jonction des Drances, on a exploité pendant quelques années un calcaire bréchoïde fissuré et veiné, coloré en rouge par des émissions ou plutôt par la pénétration d'eaux minérales ferrugineuses. Appelé *marbre-brèche* par les industriels, ce calcaire a été confondu avec la véritable *Brèche du Chablais*, dont nous aurons à parler ci-après. C'est simplement une *brèche de friction*, avec pénétration de substances minérales, dans laquelle les fragments de roches, anguleux, sont absolument semblables les uns aux autres. Ordinairement les joints des grosses pièces correspondent et ne sont indiqués que par la couleur de la matière qui a pénétré la roche, ou bien par des veines blanches de carbonate de chaux.

On ne peut douter que la coloration rouge du calcaire de la Vernaz, par-

[1] Note B.

out où on la rencontre, ne soit due à la pénétration des fissures, et souvent

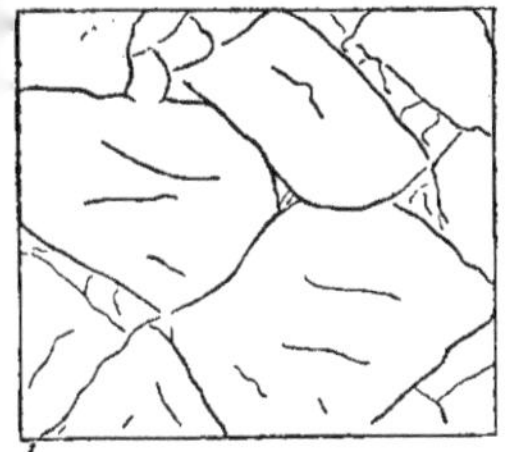

Fig. 1. — Calcaire de la Vernaz.

de la roche elle-même par les produits de la décomposition des couches rouges du Sénonien, car à mesure qu'on s'éloigne de la région occupée par ce terrain, la coloration disparaît, et les fissures sont remplies par une matière jaune ou verdâtre, probablement magnésienne ou glauconieuse. Le Malm calcaire de la Vernaz renferme quelques fossiles, Ammonites et Belemnites, en général très mal conservés.

Brèche du Chablais. — Un second faciès du Malm, du Chablais est la *Brèche polygénique*, appelée par A. Favre la *Brèche du Chablais* et qu'il considérait comme liasique. Je ne m'attacherai pas pour le moment à faire connaître ses nombreuses variétés, ayant à y revenir à propos de l'étude des massifs. Il me suffira de dire que cette roche, partout où elle existe, présente un aspect tout particulier par les rugosités de la surface des couches, ou des blocs, lorsqu'ils ont été exposés à l'air. La décomposition plus rapide du ciment qui en réunit les matériaux fait apparaître ceux ci en saillie et l'on distingue assez aisément les diverses espèces d'éléments qui constituent la roche. Les plus abondants sont des quartzites, blancs ou rosés, puis des calcaires à grain fin, noirs ou gris, et enfin des fragments peu volumineux de schistes gris verdâtres feuilletés, schistoïdes, passant parfois à des teintes plus vives et rappelant certains minerais de cuivre.

Lorsqu'on brise la roche, il est beaucoup plus difficile de distinguer les éléments qui se séparent vaguement du ciment qui les réunit. En revanche le sciage et le polissage des plaques, exécuté pendant un certain temps à la marbrerie de Bioge a permis d'étudier la structure intime de cette roche, si curieuse par ses caractères, et dont l'origine ne laisse pas que d'être assez énigmatique. Voici l'un de ces échantillons, provenant d'un énorme bloc erratique exploité à Saint-Jean d'Aulph, mais qui provenait certainement du massif du Roc d'Enfer [1].

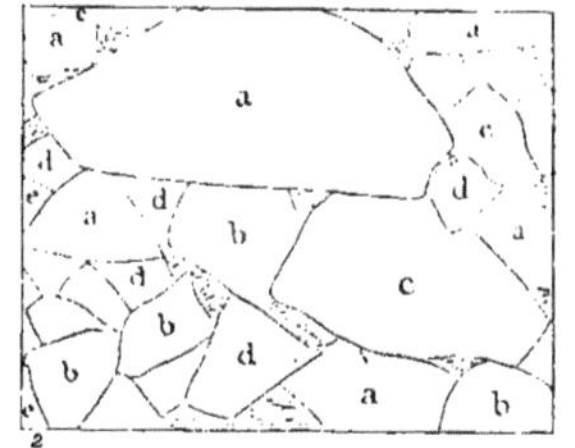

Fig. 2. — Brèche du Chablais, échantillon scié et poli, ½ grandeur.
a Calcaire noir, *b* Quartzite blanc, *c* Quartzite rosé, *d* Schiste vert, *e* Ciment calcaire.

Calcaire à silex (tithonique ?) *de Faucigny.* — Dans la *Notice sur la géologie des bases du Môle*, A. Favre a donné une description des collines calcaires comprises entre les ruines du château de Faucigny et le Môle. Préoccupé avant tout de l'idée de retrouver dans cette région le prolongement des couches oxfordiennes des Voirons, il ne sut pas distinguer l'une de l'autre les deux assises de roches jurassiques qui constituent ces collines et désigne l'ensemble sous le nom d'*Oxfordien*.

[1] Note C.

Le fait est qu'il y a en réalité deux faciès bien distincts, superposés, renfermant des fossiles, et assez différents des faciès du Malm que je viens de signaler pour que j'ai cru devoir les distinguer par des teintes et signes particuliers.

Le calcaire à rognons siliceux occupe la partie supérieure de toutes les collines à l'ouest du Môle. Sa couleur blanche le distingue, me paraît-il, aisément des calcaires bleus en couches minces du Néocomien. Malheureusement sa faune est pauvre et je n'y ai découvert que des Aptychus.

Oxfordien. Couches à Am. tortisulcatus. — Le faciès des couches que je désigne sous ce titre diffère considérablement de celles qui lui sont superposées. Au lieu d'un calcaire massif, nous avons des alternances répétées de marnes schisteuses et de calcaire bleu en couches minces, de 10 à 20 centimètres d'épaisseur, très semblables du reste aux couches du spongitien du Jura. De nombreux fossiles se présentent à la surface des bancs calcaires, et plus rarement dans les marnes feuilletées. Ce sont surtout des Ammonites, parmi lesquelles prédomine l'*A. tortisulcatus*, puis viennent les espèces du groupe de l'*A. plicatilis*, des Aptychus, le *Collyrites friburgensis*. La faune en un mot est absolument semblable à celle des Voirons, mais, comme nous le verrons, il n'est pas possible de faire correspondre les accidents orographiques de ces deux gisements ou affleurements de terrains.

Jurassique inférieur. Dogger. — Tandis que les assises du jurassique supérieur nous offraient encore quelques termes de comparaison avec d'autres régions alpines, je me suis vu, dès le début de mes recherches, dans le plus grand embarras au sujet de certains faciès du jurassique inférieur. Sur de vastes surfaces je trouvais en effet des couches ayant la plus grande analogie avec le flysch. Ailleurs, je me trouvais en présence de roches dolomitiques altérées, soit de cargneules, suggérant l'idée que j'avais affaire au Trias, ce que semblait confirmer la présence du gypse à Soman sur le plateau du Pradely. Enfin, et pour comble, j'observais dans la partie orientale de notre district, le développement en profondeur du faciès de la brèche du Malm jusqu'au contact du Lias. J'indiquerai dans mes descriptions locales les raisons qui m'engagent à classer ces assises dans le jurassique inférieur, me bornant à exposer ici leurs caractères pétrographiques les plus importants.

Dogger normal, calcaires à silex. — Les caractères pétrographiques de ce faciès ont, en certains points, les plus grands rapports avec les roches du Bathonien du Jura; ce sont des calcaires roux, grossiers, en dalles peu épaisses, à cassure spathique avec débris de crinoïdes (*Pentacrinus*). Presque partout on voit en outre apparaître des rognons siliceux plus ou moins ramifiés, très caractéristiques, signalés par Ebray sous le nom de *calcaire à Charveyrons*.

Ce faciès est surtout développé dans les massifs du Môle de la Pointe des Braffes et du Miribel; il passe vers la partie inférieure, à un calcaire marneux

analogue à celui que dans le Jura on appelle *Bradfordien* ou *Vésulien*. Enfin, dans
le ravin ou cirque du Foron, ces marnes alternent avec des couches minces de
calcaire ferrugineux très dur, ayant absolument l'aspect de certains grès du
flysch, avec lesquels je les avais d'abord confondues.

L'analogie de ces divers faciès avec ceux de la partie supérieure du Dogger
jurassien permettraient de les considérer comme représentant le niveau ou
étage du Bathonien. Le Bajocien serait dans ce cas représenté par les terrains
dont je vais parler.

Jurassique inférieur. Cargneules. — Ainsi que l'avait déjà observé A. Favre,
les roches dolomitiques apparaissent sur plusieurs points dans le Chablais,
sans toutefois y présenter une grande extension. Ses observations à ce sujet coïncidant avec le moment où il venait de débrouiller le chaos de la stratigraphie alpine, il fut porté à considérer tous les affleurements comme triasiques
et, de prime abord, je partageais son erreur. Pourtant la position bien évidente
de ces affleurements de dolomie *au-dessus*, et non *au-dessous*, du Lias finit par
m'engager à les rapporter à une formation plus récente, c'est-à-dire au jurassique inférieur[1].

Rien de plus varié du reste que les divers faciès de ces roches halogènes. La
véritable cargneule, calcaire celluleux, cloisonné, passe par transition à une
espèce de pouzzolanne friable, de couleur gris de cendre. Ailleurs apparaissent
des marnes bigarrées, jaunes, bleues, vertes, imperméables, donnant naissance
à de petites flaques marécageuses à la surface des plateaux, ou à des sources
aux flancs des massifs. Enfin c'est à ce niveau que se place le gypse de Soman,
dont le gisement paraît du reste peu étendu.

Jurassique inférieur. Brèche du Dogger. — L'existence de bancs de brèche
polygénique n'est point un fait spécial aux assises du Malm du Chablais. Aussi
bien dans le massif du Pradely, que dans la région de la pointe de Ressacheux
et des Hautforts, on constate l'interposition de bancs de brèche à éléments
variés de tout volume, qu'il n'est pas possible de distinguer pétrographiquement
de ceux du Malm. Il semblerait donc que j'aurais eu tort de les distinguer les
uns des autres. Pourtant, comme on le verra, partout la brèche du Dogger
alterne avec des couches calcaires du faciès normal ou avec les calcaires à
rognons siliceux. Il s'agit ici d'un faciès local, limité à certains affleurements,
et bien certainement inférieur à celui que j'ai signalé précédemment. Il semble
d'ailleurs remplacer celui des dolomies et cargneules.

[1] Note D.

5. TERRAINS LIASIQUES

Lias supérieur ou Toarcien. — La rareté ou l'absence des fossiles ne permet pas davantage que pour les terrains précédents la distinction de divers étages dans le Lias. Toutefois, la position stratigraphique et la nature argileuse des couches de certains affleurements démontre clairement que l'on est en présence de la partie supérieure seule des assises.

Lias moyen et inférieur. — Dans toutes les régions où l'érosion a mis à nu le trias, on voit apparaître les calcaires noirs, en bancs réguliers intercalés de marnes schisteuses du lias moyen et inférieur. La série des couches est très développée et facile à étudier sur la route de Tanninges aux Gets, mais je n'y ai jamais découvert de traces de fossiles. Il en est autrement à la base de l'escarpement de la Pointe de Marcely où j'ai recueilli des Bélemnites.

Infra-lias. — L'existence de l'infra-lias, ou couches à *Avicula contorta*, a été constaté par A. Favre en 1859. Ce savant en a donné une coupe qui malheureusement n'est pas exacte, comme nous le verrons. Quoi qu'il en soit, j'ai pu me convaincre de l'existence des couches fossilifères de ce niveau statigraphique, plongeant sous le lias et non point sous les marnes irisées, comme il l'indique.

6. TERRAINS TRIASIQUES

Dolomies, cargneules et gypse. — Les affleurements de cargneule et de gypse d'âge triasique incontestable, se rencontrent dans la partie orientale de notre région, toujours au-dessous du Lias. Les roches dolomitiques, comme partout ailleurs, du reste, sont beaucoup plus développées que le gypse, et même il arrive que celui-ci fait défaut.

Quarzite de Tanninges. — Non loin de Tanninges et des affleurements du terrain houiller se présente une colline, entourée de toutes parts par le glaciaire, qui est constituée entièrement par un grès quartzeux blanc, sans aucun mélange de substances non siliceuses et qui présente tous les caractères d'une roche d'origine hydrothermale. Cette proximité du terrain houiller pourrait faire songer à la possibilité que ce fut un dépôt Permien, mais en l'absence de toute preuve je le laisse dans le Trias, dont elle représenterait la partie inférieure.

7. TERRAIN CARBONIFÈRE

Grès houiller de Tanninges[2]. — Le grès houiller de Tanninges a été signalé dès longtemps à l'attention des géologues. Alphonse Favre a présenté un aperçu historique des découvertes successives et des opinions divergentes des géologues sur son âge et sa position stratigraphique. Les roches auxquelles le combustible est subordonné diffèrent sensiblement de celles qui encaissent l'anthracite des Alpes ; leurs caractères sont absolument semblables à ceux des bassins houillers non alpins.

L'affleurement du grès houiller est très restreint, mais en présence du fait qu'il est immédiatement recouvert par des couches triasiques, on est en droit de se demander si, peut-être, il ne suffirait pas de sondages peu profonds, ou même de galeries latérales à la base du plateau des Gets pour constater son existence et, éventuellement, l'extension des lits des combustibles, sinon même de couches nouvelles.

8. ROCHES ÉRUPTIVES

En lisant les paragraphes consacrés par A. Favre à la description de la Montagne de Loi, on a peine à comprendre comment il a pu signaler la présence d'un *grand massif de serpentine*, s'étendant sur plusieurs kilomètres de longueur. Le fait est qu'après avoir parcouru avec M. Lory tout le plateau des Gets, nous dûmes rentrer à Tanninges sans avoir rencontré seulement un galet de serpentine ou de roche cristalline quelconque. Il fallut le bienveillant concours de M. Tavernier, juge de paix de Tanninges, pour nous faire découvrir les affleurements, peu étendus en somme, de roches éruptives dont je donnerai plus loin la description.

Celles-ci sont constituées, d'après M. Michel Lévy[1], par des Protogines ou granites pegmatoïdes, Gabbro, Porphyrites augitiques et amphiboliques, et enfin par des brèches et poudingues, lie de vin, contenant des fragments de toutes les roches précédentes.

---

[1] Lettre du 4 mai 1890.

DEUXIÉME PARTIE

DESCRIPTION DES MASSIFS

---

1. MASSIF DU MONT VOUANT

Le Mont Vouant, séparé des Voirons par la vallée de la Menoge, est formé de grès éocènes, très durs, ainsi que d'un conglomérat dont les éléments sont très variés. Les couches plongent de 30° environ vers le S.-S.-E. C'est dans la partie supérieure que sont ouvertes les carrières dans lesquelles on exploitait des meules à moulin.

De puissants dépôts glaciaires recouvrent la base de la montagne du côté de Viuz et de Boëge et empêchent d'observer les rapports des grès avec une zone de cargneules formant une colline allongée et assez large, qui se termine au nord par une carrière de gypse déjà observée en 1846 par A. Favre comme *gypse du Bouchet*. La position de ces couches lui avait, dès l'abord, paru très embarrassante, et en 1861 il crut trouver la solution de cette question en les rangeant dans le trias. Il est vrai que pour cela il était obligé d'imaginer « une faille ou dislocation énorme par laquelle les roches triasiques auraient été juxtaposées aux roches nummulitiques. »

Cette faille ou dislocation, dont l'existence est incontestable, se présente, non point entre le grès et la cargneule, mais entre celle-ci et le Dogger dont je parlerai ci-après. Une coupe de l'ouest à l'est, présenterait la disposition suivante.

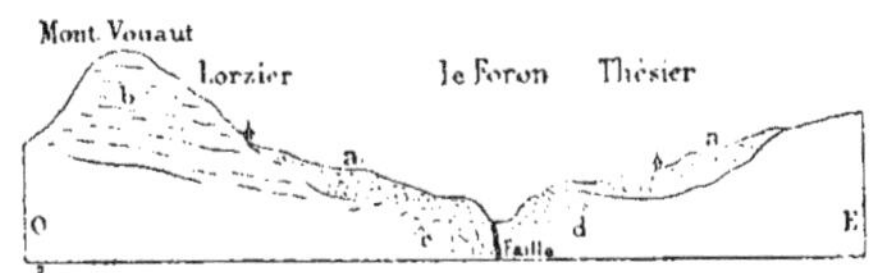

Fig. 3. — Coupe à travers la vallée du Foron.
a, Glaciaire ; *b*, Grès éocène ; *c*, Cargneule ; *d*, Dogger.

Le gypse et la cargneule disparaissent vers le nord, sous les dépôts glaciaire Une colline arrondie de grès éocène désagrégé se détache du Mont Vouant sépare la vallée de Bogève de celle de Boëge.

En résumé, le Mont Vouant constitue l'un des lambeaux de la première large zone de terrain éocène du revers nord des Alpes. Les couches qui se mon trent encore redressées aux Allinges, s'enfoncent sous les dépôts de la molass et du quaternaire et vont reparaître au Niemont et à la Berra, où elles pré sentent un développement considérable.

2. MASSIF DE LA POINTE DES BRAFFES

Autant la géologie du Mont Vouant est simple et facile à saisir, autant celle de la région jurassique au nord de la vallée du Giffre et de St-Jeoire est compliquée, et présente des difficultés dans son étude. J'essaierai, dans les pages qui suivent, de débrouiller cet écheveau qui m'a donné tant de peines et de fatigues.

Environs de Ville et Viuz-en Sallaz. — Nous avons vu que le glaciaire recouvre toute la région entre la pointe des Braffes et le mont Vouant. Çà et là, pourtant, quelques affleurements permettent de constater que les grès éocènes s'arrêtent brusquement au fond du thalweg suivi depuis Boëge par le Foron et sont remplacés par des terrains plus anciens sans qu'il y ait aucune trace de synclinal.

Le premier de ces affleurements apparaît à Viuz même, sur la place du village, et se poursuit au sud-ouest jusqu'à la route de Genève à Tanninges et St-Jeoire. C'est un calcaire roux, ferrugineux, grossier, absolument semblable à celui du Bathonien du Jura; comme celui-ci, il renferme des Bélemmites assez nombreuses, et plus souvent des Ammonites. On l'exploite en carrière et c'est à la surface des bancs que se présentent les fossiles; les couches plongent faiblement à l'est.

Cet affleurement paraît avoir été ignoré d'A. Favre, mais il a été signalé par Ebray [1], qui dit y avoir recueilli *Am. primordialis* du lias supérieur. Mais nous savons, d'une part, que les fossiles du lias supérieur passent au Bajocien, et, d'autre part, que les roches de ces deux étages diffèrent absolument. D'ailleurs Ebray assimile les couches rouges, dont je parlerai bientôt, à la couche ferrugineuse de Lucenay, oolite de Bayeux, et dessine une coupe absolument imaginaire de toute cette région.

Ces couches marno-calcaires reparaissent au bord de la route au nord de Viuz et, plus loin encore vers Pisans, au bord du ruisseau qui descend de Bogève, où elles plongent brusquement à l'est et présentent absolument le même caractère.

----

[1] *Nouveau gisement de Cancellophycus, Bull. soc. géol. III. 1875, p. 126.*

Au-dessus de Ville, dans un chemin creux, on voit apparaître des calcaires
gris-blanchâtres, d'aspect oxfordien, renfermant, dit M. Favre, quelques fossiles mal conservés, qui paraissent se rapporter à des espèces calloviennes. Il
cite trois *Ammonites*, un *Toxoceras* et une *Posidonomye*. J'ai retrouvé ce gisement, mais sans être plus heureux dans la découverte des fossiles.

C'est en continuant à s'élever vers le nord qu'on arrive à une carrière de calcaire rouge. identique à celui de la Vernaz, renfermant les mêmes fossiles, Ammonites et Bélemnites, dans lesquels Favre croit reconnaître des espèces liasiques
ce qui l'induit complètement en erreur sur la stratigraphie de cette région.

La position de ce massif calcaire rouge est du reste très énigmatique et por-
terait à le considérer comme une klippe de jurassique supérieur. Il est en effet entamé à l'ouest, au sud et à l'est par les couches rouges fortement colorées,
verticales, qui le séparent du grand massif de Dogger comme l'indique le profil
ci-dessous.

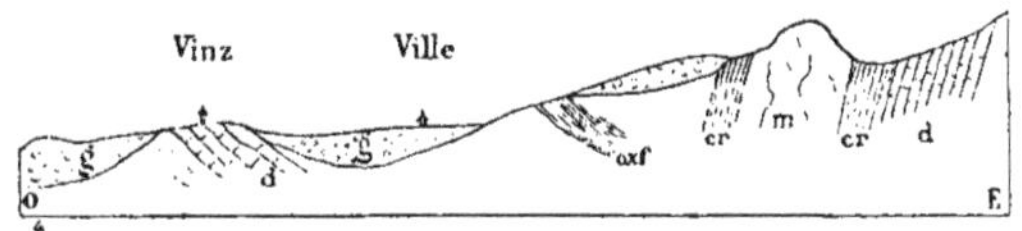

Fig. 4. — *g*. Glaciaire ; — *cr*. Couches rouges ; — *m*. Malm ; — *oxf*. Oxfordien ; — *d*. Dogger.

Pointe des Braffes. — Ainsi que j'ai fini par le constater, le massif montagneux
légèrement découpé, désigné dans la carte sous le nom de Pointe des Braffes
n'est point constitué par le Lias, et nulle part on ne voit apparaître le Trias signalé par A. Favre. C'est au Dogger qu'il faut rapporter les nombreux affleurements de cargneules et de marnes bigarrées de cette région. Enfin le *Lias rouge*,
indiqué dans la coupe fig. 7, pl. IV de l'*Atlas des Recherches géologiques*, n'est
autre chose que notre crétacé supérieur.

Poursuivant notre étude de l'est à l'ouest, nous regagnons la route de Genève
à St-Jeoire, nous rencontrons à Prévières des carrières ouvertes dans les couches
verticales du Dogger à silex et à *Pentacrinus*. Elles doivent présenter une puissance de 300 mètres au moins, car elles constituent le contrefort occidental de la
montagne. Un puissant dépôt quaternaire et récent. formant cône de déjection, sépare celui-ci du contrefort oriental, formé des mêmes roches. Il semblerait que
dans la profonde dépression qui les sépare on doive trouver le Lias, mais nullement ; ce sont les cargneules du Dogger qui, par leur moindre résistance, ont donné
lieu à la profonde érosion de ce massif, et d'une manière générale, déterminé l'o-
rographie de toute cette région. Nous sommes ici en présence d'une voûte
comprimée, dont les pieds-droits se réunissent au nord pour former le plateau
de Vernand et des Plaines-Joux.

L'accès de ce plateau, de quelque côté qu'on l'aborde, est très pénible, et la végétation forestière rend les observations géologiques presque impossibles. Avant
d'y arriver je dirai quelques mots d'un accident géologique contemporain qui

a modifié le revers occidental de la montagne. Il s'agit du grand éboulement survenu le 29 juillet 1715 et qu'on a appelé le *Déluge du Viuz* [1].

Lorsqu'on s'élève de Viuz par Thésier vers les Granges de Vigny, on passe sur les énormes amas de roches éboulées qui s'étendent jusqu'au lit du Floro et à la surface desquelles on a reconstruit le village de Palud. Les matériaux de cet éboulement sont constituées exclusivement par les roches calcaires du Dogger. Mais si l'on pénètre au fond du cirque, aux bords escarpés, on aperçoit les marnes et les cargneules, dont l'imperméabilité donne lieu à des sources cause première de la catastrophe. De verticales qu'elles étaient au sud, les couches sont devenues horizontales et garderont cette disposition jusqu'aux Habères et même à Lullin.

Fig. 5. — *eb*. Éboulement — *a*. Dogger cal. ; — *b*. Cargneules.

On ne peut douter, d'après ce qui précède, que toutes les dépressions ou ravins à l'ouest soient dus à des phénomènes d'érosion plus ou moins anciens, mais en général antérieurs à l'époque quaternaire, puisque les dépôts de cet âge ont adouci et nivelé les pentes.

Ce qui est bien remarquable, c'est la présence de lambeaux, et même de blocs isolés de Malm calcaire à la surface du plateau. L'un de ces lambeaux, à l'est des Granges de la Corne, est remarquable par la disposition en *Karrenfeld* des roches qui le constituent. Son étendue est de 4 à 500 mètres carrés, il forme comme une espèce de chapeau, dont le bord oriental plonge à pic vers la vallée d'Onion St-Jeorie.

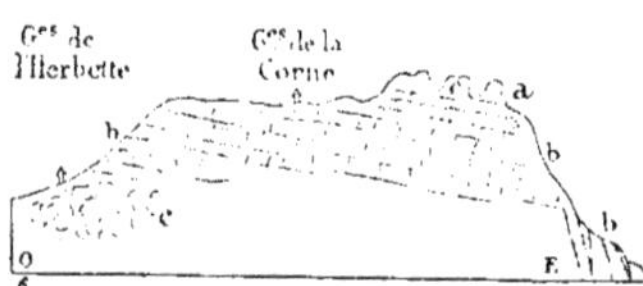

Fig. 6. — *a*, Malm ; *b* Dogger calc. ; *c*. Cargneules.

Plus au Nord, ce sont les couches rouges qui s'enfoncent dans un pli du Dogger vertical formant le point culminant (le Château Cornu, d'après A. Favre).

Plateau du Miribel et du mont Hirmente. — Lorsqu'on s'avance au nord, vers les Mouillettes et les Plaines-Joux, on rencontre une vaste surface de pâturages que l'on croirait au premier abord constituée par une seule formation géologique. En réalité, le mélange et la confusion des terrains sont ici à leur comble. Les couches rouges, le Malm, le Dogger à silex, les cargneules et marnes du Dogger, se

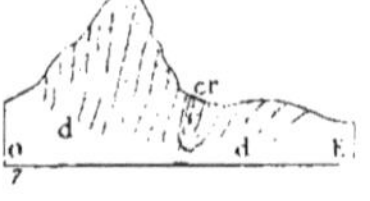

Fig. 7. — *d*, Dogger,
cr, Couches rouges.

<hr>

[1] A. Favre, *Recherches géologiques*, t. II, p. 12.

xtaposent de façon à rendre le tracé des limites géologiques à peu près impossible pour cette région. Ce n'est qu'en approchant de la Pointe de Miribel qu'il devient possible de s'y reconnaître.

Le sommet de cette montagne est, en effet, constitué par le Malm calcaire de Vernaz, assez fortement coloré, et formant l'un de ces *chapeaux* dont j'aurai encore à citer de nombreux exemples.

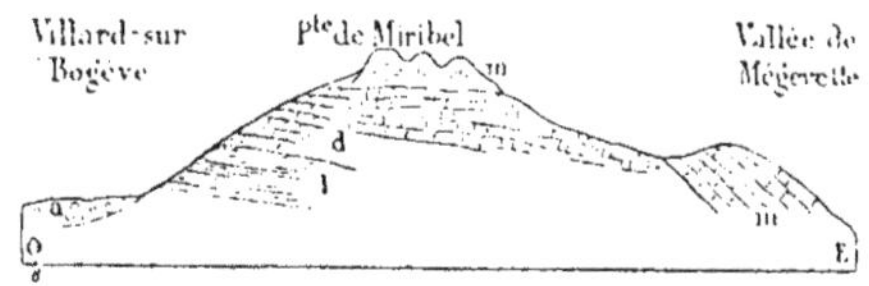

Fig. 8. — *a*, Glaciaire; *m*, Malm; *d*, Dogger; *l*, Lias.

Ce Malm repose, comme on le voit, sur le dogger qui se présente avec son faciès habituel ou normal sur les deux versants. A l'est, il s'enfonce sous les calcaires du Malm de la vallée de Mégevette. A l'ouest, le sol s'infléchit rapidement et l'on voit apparaître le lias, bientôt recouvert par les dépôts glaciaires de Villard et des Habères.

Le lambeau de Malm du Miribel est peu étendu, et de plus, divisé en trois parties par l'érosion. Mais on retrouve ce terrain un peu plus au nord, où il forme une arête à peu près semblable désignée sous le nom de montagne d'Hirmente. Ici encore, l'érosion l'a divisé en plusieurs parties et l'on voit apparaître des calcaires marneux, dans lesquels je n'ai pu découvrir de fossiles, et qui m'ont paru oxfordiens.

Environs de Mégevette. — La vallée de Mégevette est la suite de celle de Bellevaux et, comme celle-ci, présente une synclinale bien caractérisée. Elle est rendue particulièrement intéressante par la présence d'un puissant massif de couches rouges, qui contraste par sa surface arrondie, avec les formations calcaires qui l'entourent.

Vers les châlets du Mont, ce terrain atteint la cote 1554 mètres et domine ainsi la vallée proprement dite de plus de 600 mètres. La Pointe de Foughats ne le surpasse que d'une centaine de mètres.

Vers le sud les couches rouges disparaissent sous le glaciaire, ou bien sous le flysch, qui atteint 1754 m. et constitue plusieurs contreforts au massif calcaire de la Haute-Pointe, du Crêt-Roti, etc.

Environs d'Onion. — *St-Jeoire-Mieussy.* — Ici, les allures régulières des couches font entièrement défaut. On se trouve en présence d'un terrain glaciaire très étendu et très puissant, de dessous lequel affleurent les terrains d'une façon absolument imprévue, et pour ainsi dire capricieuse.

On ne peut douter que les phénomènes d'érosion ont commencé à se manifeste
longtemps avant que la série des assises fut déposée et qu'ainsi des masse
puissantes de terrains aient disparu, comme l'indiquent du reste les récurrence
des couches rouges et l'espèce de ceinture qu'elles forment autour des massif
et des îlots de calcaire jurassique.

Les limites de ce travail ne me permettent pas d'entreprendre la description
des divers accidents de cette région. Il me paraît suffisant de présenter un aspect des terrains, au nord d'Onion.

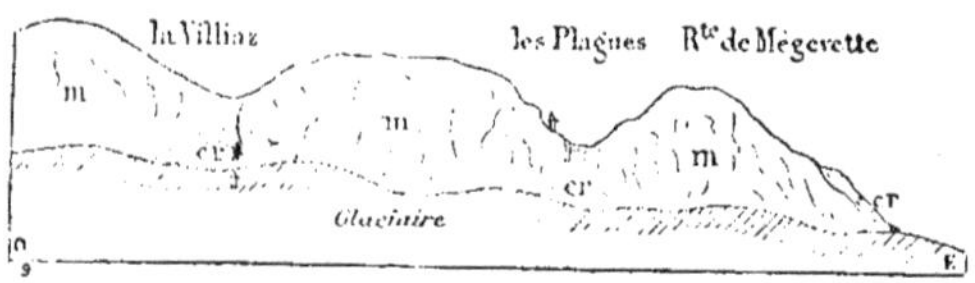

Fig. 9. — Aspect des terrains au nord d'Onion, *cr. Couches rouges. m.* Malm.

Le Malm, à stratification confuse semble ici constituer de véritables klippes.
Les couches rouges viennent disparaître sous le glaciaire. On observe, sur la
route de Mégevette, de curieuses inclusions de couches rouges dans le Malm.

St-Jeoire-Onion. — La petite ville de St-Jeoire est assise sur une terrasse de
graviers quaternaires stratifiés, tufs, etc., superposée au glaciaire, profondé-
ment raviné par le Risse qui descend d'Onion et de Mégevette. Du sein de ces
dépôts quaternaires surgissent, pareilles à d'énormes tumulus, plusieurs collines, isolées les unes des autres, et constituées soit par le Malm, soit par le
Dogger.

Au-delà de Pouilly, la nouvelle route est taillée dans un massif de Malm calcaire rouge de la Vernaz en couches verticales, séparé du Dogger vertical de la
Pointe des Braffes par des calcaires marneux, dans lesquels je n'ai pu découvrir de fossiles. Puis laissant à gauche l'ancien chemin du Châble, tracé sur les
couches rouges très resserrées elle atteint un second massif de Malm calcaire
rouge, semblable au précédent, et pénètre dans la gorge profonde qui divise ici
le massif du Roc de Don en trois parties.

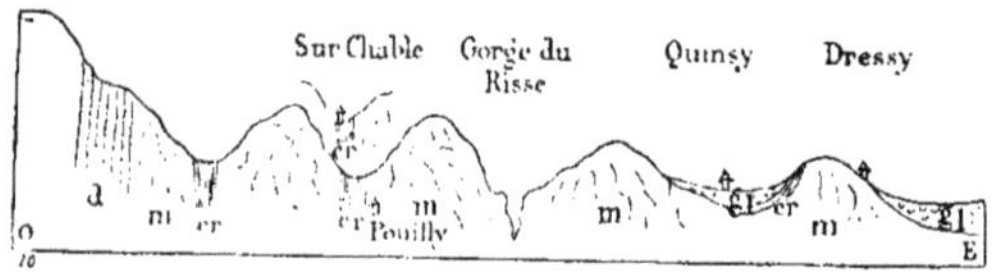

Fig. 10. — *gl.* Glaciaire. *cr.* Couches rouges. *m.* Malm. *d.* Dogger.

A l'est du Roc de Don, le manteau glaciaire reprend de nouveau une grande
extension et ne permet pas d'observer le passage des calcaires **du Malm aux**

schistes et grès du flysch qui bordent le plateau du Pradely. Ici encore apparaissent des collines isolées de Malm, plus étendues que celles de St-Jeoire, mais qui ne sont en réalité que des lambeaux du grand massif du Roc de Don. L'une de ces collines, à l'est de Quinsy, est flanquée de couches rouges, qui correspondent sans doute à l'un des plis des environs d'Onion (fig. 10).

3. MASSIF DU MOLE

Le Môle est incontestablement le prolongement du massif de la Pointe des Braffes, dont il est séparé par une profonde déchirure, agrandie par l'érosion. Il est également constitué presque entièrement par les roches calcaires et dolomitiques du Dogger, lesquelles sont affectées par diverses ruptures et dislocations qui en rendent l'étude singulièrement compliquée.

Je comprendrai dans l'étude de ce massif la région des collines calcaires entre Faucigny et Bonneville et celle des collines de molasse entre Bonneville et Marignier.

Base occidentale du Môle, Faucigny-Réret. — Cette région a longuement occupé A. Favre, qui retrouvait ici la plupart des difficultés stratigraphiques des Voirons. Préoccupé sans cesse de l'idée de reconstituer les voûtes et leurs jambages ainsi que de justifier le classement des assises par l'indication de fossiles caractéristiques, ce savant traçait des coupes théoriques, répondant bien plutôt à sa manière de voir qu'à la réalité des faits, ainsi que nous le voyons dans la *Notice sur la géologie des bases de la montagne du Môle en Savoie.*

Les roches dont nous allons nous occuper sont limitées au sud par la grande faille de l'Arve. Les couches plongent au nord, au nord-est ou au nord-ouest et n'obéissent nullement à un axe rectiligne comme on serait porté à le croire. Elles sont en outre affectées par des dislocations ou décrochements latéraux qui divisent l'ensemble en plusieurs massifs [1].

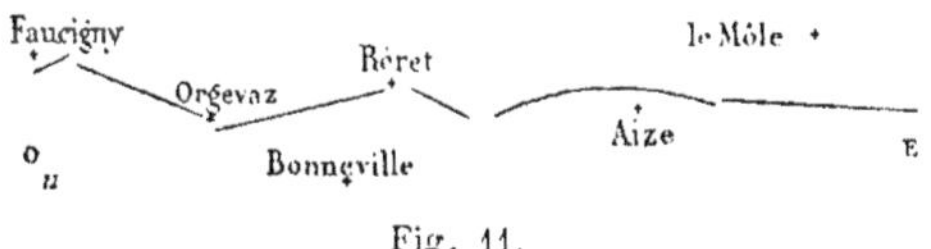

Fig. 11.

C'est sous les ruines du château de Faucigny que l'on peut se rendre compte le plus aisément de la nature et de la disposition du terrain de cette région. De grandes carrières ont été ouvertes dans la partie avancée du promontoire, au-dessus de la nouvelle route. On y a exploité un calcaire blanc, lithographique,

[1] La plupart des noms indiqués dans la *Coupe de la base du Môle de Favre* ne se trouvant pas dans la carte, il m'est impossible de raccorder celle-ci avec la diagramme fig. 11.

pénétré de rognons siliceux, de formes variées, souvent bizarres. Les fossiles sont très rares. J'y ai recueilli les Aptychus.

Un ravin sépare ce massif de calcaires d'une assise de roches calcaréoschisteuses très nettement stratifiées, plongeant à l'ouest. Ce calcaire, assez dur, est gris-bleuâtre, semblable à celui des Voirons, et comme lui riche en fossiles, d'une conservation assez médiocre. Les Ammonites sont adhérentes à la surface des bancs calcaires, les autres fossiles se trouvent dans les marnes schisteuses qui séparent les couches.

Un second ravin interrompt les couches calcaires, et la route entame des marnes bleues, entremêlées de quelques couches de calcaire d'un décimètre environ d'épaisseur ; les fossiles sont plus rares ; j'y ai recueilli les *Bélemnites Neyriveunsis* des becs de *Rhynchotheutis*.

Fig. 12. — *ti*, Cal. à silex : Oc, Oxfordien calc. : Om, Oxford. marneux.

Au delà, et en descendant vers Bonneville, les éboulis, puis le quaternaire, recouvrent tous les terrains. On voit encore le sommet des collines formé de calcaire à silex, plongeant au nord, ou bien constituer des collines au devant des cols de Chez Perret et d'Orgevaz. En arrière le grès éocène disparaît sous le glaciaire.

Au col d'Orgevaz, apparaît brusquement une synclinale de couches redressées et même renversées, mais celles-ci reprenant bientôt leur disposition normale constituent l'arrête appelée Penouclaire par A. Favre. On a alors le profil suivant de l'ouest à l'est.

Fig. 13. — *ti*, Calcaire à silex ; Oc, Oxfordien calcaire. Om, Oxf. marneux.

Les fossiles oxfordiens se retrouvent à la base de l'escarpement des calcaires à silex et le renversement indiqué par Favre n'existe pas.

Le col du Réret. — J'ai visité cinq ou six fois le Réret, soit seul, soit en compagnie de Lory ou de G. Maillard, et malgré cela, je ne suis point encore fixé sur la stratigraphie de ce col. Sur le chemin ou sentier qui y conduit, on chemine constamment sur des éboulis formés de trois espèces de roches : le calcaire marneux oxfordien, le calcaire à silex du tithonique et le calcaire bleu schistoïde du Néocomien, avec les Aptychus de ce niveau et quelques fragments de céphalopodes. C'est en arrivant au col seulement que l'on trouve ce Néoco-

nien en place, mais jamais je n'y ai pu découvrir que des Aptychus et nullement les espèces que Favre dit y avoir recueilli.

Si, quittant le chemin tracé, on se hasarde à gagner à travers les éboulis la
paroi de rochers de Penouclaire, on voit apparaître un terrain de grès schisteux et marneux que j'ai d'abord considéré comme du flysch, mais qui serait ici
dans une position singulièrement insolite.

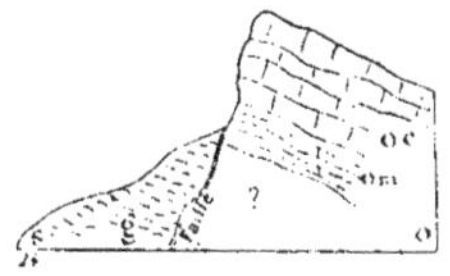

g. Grès schisteux.
Oc. Oxfordien calcaire.
Om. Oxfordien marneux.

Fig. 14.

. Retrouvant ce grès schisteux au col même, à gauche du calcaire néocomien,
j'ai dû me demander s'il n'en constituait pas un faciès particulier du néocomien, inférieur aux couches calcaires à céphalopodes ? Je serais d'autant plus
porté à le croire que, en arrière du col, c'est-à-dire vers le nord de l'auberge,
j'ai observé des calcaires marneux à *Ostrea,* c'est-à dire un faciès jurassien du
Néocomien.

Entre le Réret et le Môle, on observe encore deux éminences formées de
roches jurassiques dont les abruptes regardent le sud. Une dépression analogue
à celle des cols du Réret et d'Orgevaz m'a paru de même occupée par les couches verticales du Néocomien calcaire bleu. La masse d'éboulis du versant sud
ne permet plus ici d'observer les couches jurassiques.

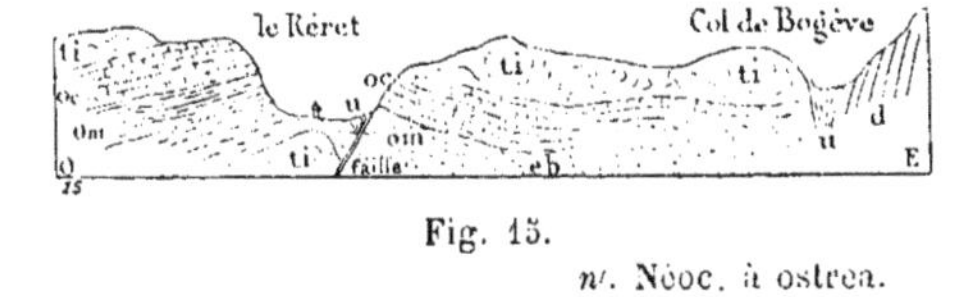

Fig. 15.

n'. Néoc. à ostrea.
n. Néoc. à céphalopodes.
ti. Calc. blanc tithonique.
Oc. Oxfordien calcaire.
Om. Oxfordien marneux.
d. Dogger.

Fig. 16.

Environs de Bonneville. — L'existence d'un dépôt important de molasse miocène dans la vallée de l'Arve est une preuve de l'ancienneté de la grande dislocation qui a affecté cette région. Par la position qu'il occupe, au pied d'un
énorme escarpement de roches calcaires et dolomitiques, ce terrain a mis dans
l'embarras tous les géologues qui l'ont observé, jusqu'au moment où Favre a
judicieusement fait connaître ses caractères.

La molasse apparaît au fond de la vallée, à l'ouest de Bonneville, et sous la
ville même, en couches marneuses micacées friables, plongeant légèrement au

nord. Au nord, elle disparait sous les éboulis du Réret. A l'ouest, elle devient plus dure et forme des collines au milieu desquelles sont ouvertes de grandes carrières de grès.

Sur la route d'Aïze, les bancs de grès alternent avec des schistes sablonneux renfermant des végétaux carbonisés, puis les couches deviennent horizontales en approchant du petit plateau d'Epouchet. Enfin, elles deviennent rouges et semblent s'enfoncer sous le puissant escarpement des cargneules du Dogger du versant sud du Môle. D'après Favre, cette molasse est d'âge aquitanien. Je n'ai pu y découvrir de fossiles déterminables.

Le Môle, versant nord. — Chaque fois que j'ai fait l'ascension de cette montagne ou que j'en suis redescendu, j'ai suivi un itinéraire différent. Presque partout j'ai observé les calcaires grossiers du Dogger à pentacrines ou les couches à rognons de silex, semblables à ceux des massifs au nord du Giffre. Les couches, fortement inclinées, plongent au nord et présentent un abrupt presque vertical vers la vallée de l'Arve. La masse principale de cette montagne est donc bien, comme je l'ai déjà dit, constituée par le dogger ou jurassique inférieur, avec quelques lambeaux de Malm sur des points qui ont résisté à l'érosion. Mais ce qui est particulièrement surprenant, c'est de trouver sur ce versant nord, assez près du sommet, des lambeaux de couches rouges, pincés dans des plis, et reposant sur le Dogger.

Quant au Lias, dont Favre signale l'existence et donne même une liste de fossiles assez longue, il apparaît dans un ravin profond au nord du sommet, que je n'ai jamais pu visiter, mais qui m'a paru être un affleurement peu étendu, une espèce de boutonnière ouverte dans le Dogger, et ne motivant nullement la détermination liasique de cette montagne.

J'ai essayé de donner une idée de l'aspect que présentent ces différents terrains vus de la Pointe des Braffes.

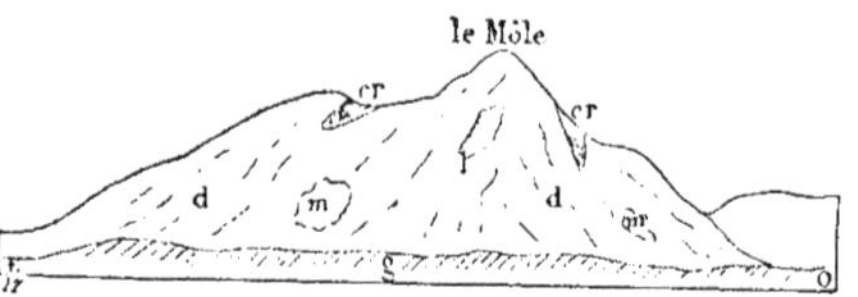

Fig. 17. — *g,* Glaciaire ; *cr,* Couches rouges ; *m,* Malm ; *d,* Dogger.

Une coupe par le sommet du Môle donnerait la section suivante :

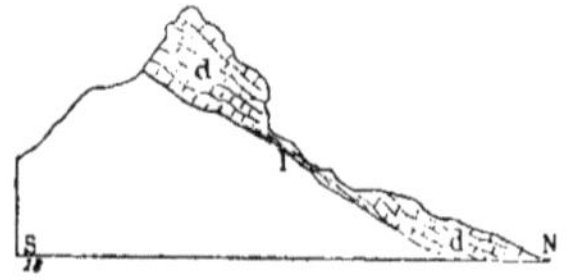

Fig. 18. — *d,* Dogger ; *l,* Lias.

Le Môle, versant méridional. — La disposition des couches sur le versant nord semblait impliquer l'apparition du Lias au revers opposé de la montagne, et confirmer l'origine triasique des cargneules signalées par Favre. Il n'en est rien pourtant, et ici encore j'ai pu constater la superposition immédiate des calcaires à silex du Dogger à ce puissant massif de cargneules, sans nulle trace de Lias entre les deux terrains.

Comme Favre l'indique, la zone ou assise de cargneule commence à Bogère au versant occidental, passe au dessous des chalets des Riondets, et s'en va disparaître sous les éboulis qui, à Marignies, reposent eux mêmes sur le Lias supérieur à bélemnites.

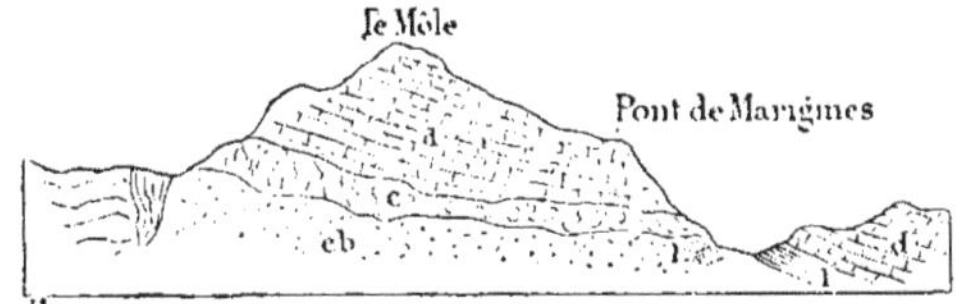

Fig. 19. — Le Môle versant sud.
eb, Eboulis ; *d*, Dogger ; *c*, Cargneule ; *l*, Lias.

Vallée du Giffre, Ivoray. — Le massif principal du Môle est séparé de son contrefort oriental par une vallée que parcourent le Giffre et le Foron réunis près de Saint-Jeoire. Elle est en partie comblée par les dépôts glaciaires, mais on observe cependant, en amont et en aval, deux affleurements de Lias bien caractérisé. Le premier est celui du Pont du Risse, où le Lias calcaire noir a été exploité en carrière. Le second est celui du Pont de Marignies, où apparaissent des marnes feuilletées à ammonites pyriteuses, bélemnites, etc. Les couches plongent à l'est et disparaissent sous le glaciaire.

Sur la rive droite, on observe en outre plusieurs affleurements de cargneules et, dans le lit même de la rivière, le gypse est exploité.

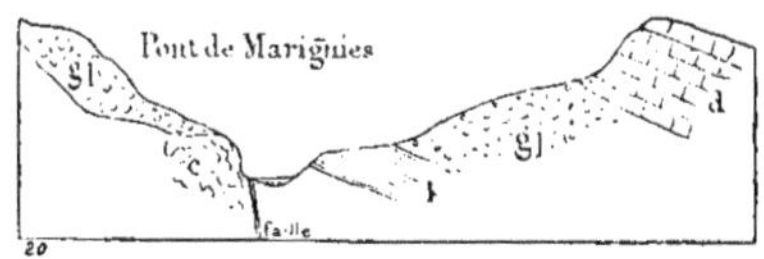

Fig. 20. — *gl*, Glaciaire ; *d*, Dogger ; *l*, Lias ; *c*, Cargneule.

A quel niveau géologique faut-il rapporter le gypse et la cargneule ? J'en avais d'abord fait du Trias, mais il faudrait admettre une faille. Il y a, ce me semble, plus de raisons pour les considérer comme la prolongation de la zone du Môle et les réunir au Dogger.

Comme on le voit par le profil ci-dessus, quelle que soit la solution à laquelle on s'arrête, il faut admettre une faille, dont la direction serait précisément celle

que suit la rivière. Or, il me paraît plus simple de relier les affleurements d
cargneule à la zone du versant méridional du Môle que d'admettre un relève
ment exceptionnel du Trias dans cette région. Au-dessus de la carrière du Pon
du Risse, les couches du Lias sont surmontées par les calcaires du Dogger, e
ceux-ci à leur tour par un lambeau de Malm, détaché du massif du Roc de Don
Une dépression assez profonde, dans laquelle se trouve le lac et le village d'Ivo
ray, sépare ce relief d'un autre bien moins élevé à l'est, mais de même structur
géologique. Malheureusement un dépôt glaciaire remplit le fond de la dépression, et il m'a été impossible de m'assurer si, au-dessous, le Lias existe, ce que je
crois très probable.

Enfin il resterait à déterminer si les puissants dépôts de cargneule à l'ouest de
sur le Cou et les gypses de la côte de Thiez sont éocènes ou bien s'il faut encore
les réunir au Jurassique inférieur ou Dogger. De nouvelles recherches dans
cette région sont donc absolument nécessaires pour la solution de ces questions.

4. PLATEAU DU PRADELY

Après 25 années de courses et de recherches dans la Haute-Savoie , A. Favre
se voyait dans le cas d'englober dans le Lias tout le massif que nous allons étudier. « A l'exception, dit-il, de quelques localités privilégiées, j'ai, en général,
regardé mes excursions en Chablais comme une épreuve de patience. » Et, plus
loin : « Je crois en effet que dans le terrain que j'ai indiqué comme appartenant
au Lias on reconnaîtra plusieurs formations. On arrivera problablement à éta-
blir des subdivisions dans cette masse de 1000 mètres de puissance environ, et
l'on verra aussi que les marnes rouges analogues à celles de Matringes qui
apparaissent çà et là dans cet énorme massif appartiennent au terrain triasique. »

Or, ces marnes rouges de Matringes ne sont nullement triasiques, mais crétacées et, par conséquent superposées aux roches calcaires plus anciennes, de
plus, comme nous le verrons, plus du tiers de la surface considérée comme liasique est occupée par les couches éocènes du Flysch. Le Lias ne se présente
qu'en affleurement peu étendus, à la base des plateaux ou au fond des profonds
ravins du Pradely et des Gets.

La région que j'appelle Plateau du Pradely, et dont je dois maintenant entreprendre l'étude se dessine nettement dans la carte par un polygone irrégulier,
dont voici le schéma (fig. 21).

A l'ouest et au nord-ouest, le Flysch entoure le Jurassique. A l'est, il se su-
perpose régulièrement à ce terrain. Ce n'est qu'au nord-est qu'apparaît un véritable anticlinal qui se relie aux chaînes du Chablais septentrional. Au sud,
se présente la grande faille parallèle à celle de l'Arve.

Aucune des sommités que j'ai indiquées ne correspond à un pli anticlinal proprement dit, en sorte que ce plateau constitue un *massif surélevé, Horst*, limité

r une série de failles ou plis-failles dont les directions variées constituent le
lygone fig. 21.

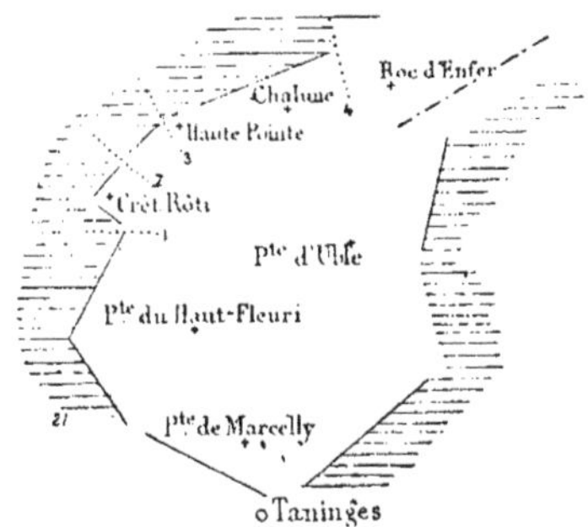

Fig. 21. — Disposition schématique du massif jurassique du Pradely.
—— Faille ou décrochement. ≡≡≡ Zones de Flysch. .... Cols ou passages.
—·—·—· — Anticlinale de Graidon.

Au N.-O. on remarque quatre *cols* ou passages, donnant accès sur le plateau.
Deux de ces passages (1 et 3) occupés par les couches rouges, semblent indi-
quer des synclinales, mais la rigidité des calcaires du Malm et l'absence de stratification montrent que ce terrain n'a pas été affecté par une flexion quelconque.
Les deux autres cols (2 et 4) traversent les couches du Dogger et évoquent au
contraire l'idée d'anticlinales. Pour les mêmes raisons je crois qu'il faut renoncer
à cette interprétation.

Environs de Tanninges. — Route des Gets. — Le voisinage immédiat de cette petite ville présente un excellent point de départ pour l'étude de tout ce massif.
Deux affleurements de terrain houiller se montrent ici, l'un sur la rive droite
du Floron, l'autre sur la rive gauche. On trouvera dans les *Recherches*, de Favre,
tous les détails relatifs aux diverses tentatives d'exploitation du combustible,
soit aux opinions diverses qui se sont manifestées sur l'âge de cette formation,
dans laquelle le professeur Heer avait reconnu 20 espèces de plantes carbo-
nifères.

Les recherches ont eu lieu exclusivement sur la rive droite du Foron ; il paraît qu'à l'époque où Favre visita le gisement on voyait encore des galeries
servant à l'exploitation de deux couches, mesurant ensemble plus d'un mètre
d'épaisseur. Une couche de grès dans le lit même du torrent renfermait un
grand nombre de fragments de *Calamites*. Dès lors les éboulis ont recouvert
le gisement. J'ai pourtant eu l'occasion de constater par des échantillons conservés depuis l'époque de l'exploitation, que le charbon quoique désigné sous le
nom d'anthracite, se rapproche de la houille des bassins houillers du centre
de la France.

L'affleurement de la rive gauche est plus étendu et se présente sur la route des Gets, à l'est d'un puissant massif de calcaire dolomitique triasique. Le couches. très inclinées, présentent une grande variété. Ce sont des grès micacés feuilletés, des schistes argilo-sableux, à empreintes de fougères, de cordaïtes, etc et surtout des bancs de grès grossier passant au poudingue. Le grand développement du glaciaire empêche absolument de se rendre compte des rapports de ce terrain avec ceux qui lui sont superposés. mais en remontant le ravin du Foron on trouve sur la rive droite, un peu en amont des galeries de la houille, une carrière de gypse, dont l'âge triasique ne saurait être contestée.

C'est à un kilomètre à l'ouest de Taninges qu'apparaît la colline de quart zite dont j'ai parlé précédemment, et qui est désignée dans la carte sous le nom de *Sous-le-Rocher*. Elle s'élève à une centaine de mètres au-dessus de la vallée. Le côté sud présente une paroi verticale qui permet d'observer la curieuse disposition des couches. Celles-ci forment deux espèces de voûtes séparées par une synclinale. Il est à remarquer qu'il ne s'agit point ici d'un plissement dû à une cause mécanique, mais, bien en réalité d'une formation hydrothermale, de dépôts de sources siliceuses pures. car la roche, d'un grain fin et homogène est d'une blancheur parfaite. Elle est en outre très fracturée et brisée et divisée en fragments polyédriques.

Fig. 22. — Aspect des quartzites de Sous-le-Rocher.

Il n'est absolument pas possible de se rendre compte des relations de cette colline avec le grand massif de Marcelly, qui la surmonte un peu en arrière. Au reste tout porte à la considérer comme une klippe dont la formation serait contemporaine du terrain houiller, à moins qu'elle ne représente une formation d'âge Permien. J'ai en effet découvert à la partie supérieure du monticule des fragments de grès verdâtre, à grains de quartz bleus et de sable grossier, d'aspect tout à fait sédimentaire, mais je ne saurais me prononcer plus positivement à ce sujet.

Suivons maintenant la route des Gets à partir du contour au-dessus d'Avonner.

Tout d'abord nous nous trouvons en présence d'un puissant dépôt de glaciaire à cailloux noirs, polis et striés.

Plus haut apparaît la roche en place. C'est un calcaire, noir, très bréchoïde, veiné de spath. à stratification confuse, dont la position relativement au-dessus du gypse du ravin, détermine l'âge, soit Lias inférieur (Hettangien). Cet affleurement succède à un puissant dépôt de graviers quaternaires stratifiés et en partie conglomérés.

De ce point jusqu'à Pont-des-Gets, on marche constamment sur les couches de calcaires noir, alternant avec des schistes marneux et ardoisiers, dont les couches affectent des plongements variés. A Pont-des-Gets, le Lias disparaît sur la rive gauche, mais les couches supérieures schisteuses, de couleur rouge, conti-

ent à affleurer dans le ravin qui s'ouvre à gauche ; elles sont surmontées par
puissant massif de Dogger calcaire à silex, coupé verticalement. Plus haut, le
vin est bifurqué, la branche droite conduit à Combafoux et au cirque du Fo-
on. La branche gauche se dirige par Boutigny sur les Mûnes et Praz-l'Evêque,
à, comme nous le verrons, apparaissent de nouveaux faciès du Dogger.

Base de la Pointe de Marcelly. — La succession régulière que nous venons d'ob-
erver sur la route des Gets fait absolument défaut dans la région qui s'étend de
anninges à Matringes au pied de la Pointe de Marcelly. Là où je m'étais attendu
rencontrer soit le Trias, soit le Lias, je me trouvais en présence d'un puissant
assif de brèche, à éléments variés, dont la grosseur atteint jusqu'à un mètre
ube. Ce sont des schistes feuilletés du terrain houiller, des calcaires noirs du
ias, etc., réunis confusément et fortement cimentés, comme le sont du reste
eux de la Pointe de Marcelly elle-même. Comment s'expliquer la position de ce
assif de roches, à la base de la montagne, alors que les couches ne présentent
aucun des caractères des éboulements ? La chose ne me semble possible qu'en
admettant une faille locale, un décrochement vertical dont j'essaie de donner
une idée dans la coupe ci-dessous :

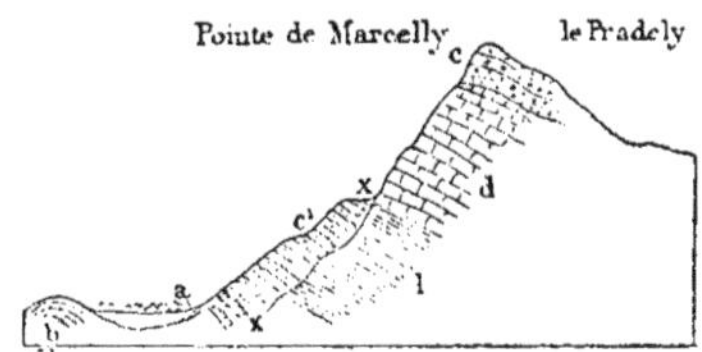

Fig. 23. — *a*, Blocs erratiques ou éboulis ; *b*, Quartzite : *c*, Brèche en place ;
c', Brèche éboulée en masse ; *d*, Dogger : *l*, Lias ; XX, Ligne de décrochement.

Ce qui est positif et certain, c'est que, à l'est comme à l'ouest, on ne retrouve
pas ce massif de brèche mais bien les couches du Lias, et, au-dessus d'elles le
Dogger, calcaire à silex, etc.

J'ai du reste constaté deux autres accidents de ce genre, l'un au-dessus du
Pont-des-Gets. rive gauche, où la Brèche à gros éléments succède immédiatement aux dernières couches du Lias et forme un monticule ayant tout à fait les
caractères d'un affaissement. Je ferai connaître le second plus loin.

Environs de Matringes. — La coupe de Matringes. publiée par A. Favre en 1859,
dans le *Mémoire sur les terrains Liasique et Keupérien*, et reproduite dans les *Recherches géologiques*. était considérée par ce savant comme présentant un grand
intérêt. « On y voit, dit-il, une coupe très normale de l'étage infraliasique et du
terrain triasique, que j'ai eu le plaisir d'examiner en 1861 avec MM. Studer,
Hébert, Pillet, etc. »

Je n'ai malheureusement pas éprouvé la même satisfaction, car. loin d'être
normale. la disposition des couches, l'âge et la position du gypse qu'on y exploite m'ont causé et me causent encore de grands embarras.

L'erreur capitale de Favre est résultée du fait qu'il considérait le « calcai[re] marneux rouge, avec quelques taches vertes, de 80 à 100 pieds d'épaisseu[r] sans fossiles », comme infraliasique, alors que ce terrain est en complète di[s]cordance, soit avec les couches 4 à 9, qui appartiennent bien réellement à c[et] étage, soit avec les dolomies et le gypse. Ce « calcaire marneux rouge » n'est a[u]tre chose que notre *Sénonien, couches rouges*, resserré ici entre une klippe [de] Malm et le grand massif de Dogger et de Lias du plateau du Pradely. Quant a[u] gypse et à la dolomie qui l'accompagne, il n'est pas non plus triasique, et s[a] position en superposition aux couches rouges et au contact du Malm me por[te] à le considérer comme éocène et se rattachant au Flysch qui est largement dév[e]loppé à l'ouest de la klippe. Voici quelle serait, dans ces conditions, la coup[e] réelle du gypse de Matringes.

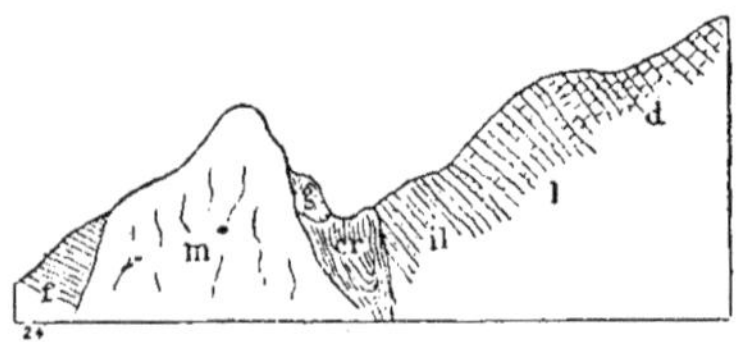

Fig. 24. — *f*, Flysch; *g*, Gypse; *cr*, Couches rouges; *il*, Infralias ; *l*, Lias; *d*, Dogger ; *m*, Mal[m]

Ces couches rouges remontent très haut vers Roche-Palud, où le gypse ayan[t] disparu, elles se trouvent interposées entre le Malm et le Dogger. Nous le[s] retrouverons plus tard à Soman, dans une position non moins singulière et, ici encore, en rapport avec un dépôt de gypse.

Ce n'est pas tout, car il me reste encore à parler d'une puissante assise de dolomies et cargneule interstratifiée entre le Lias à Bélemnites et le Dogger, constituant la puissante arrête qui relie la pointe du Haut-Fleuri et la pointe de Marcelly. Nous trouvons ici une disposition identique à celle du versant sud du Môle et, malgré toutes les objections qui pourront être formulées, je me vois dans le cas, ici encore, de considérer ces dolomies comme constituant un faciès du Dogger, ou Jurassique inférieur.

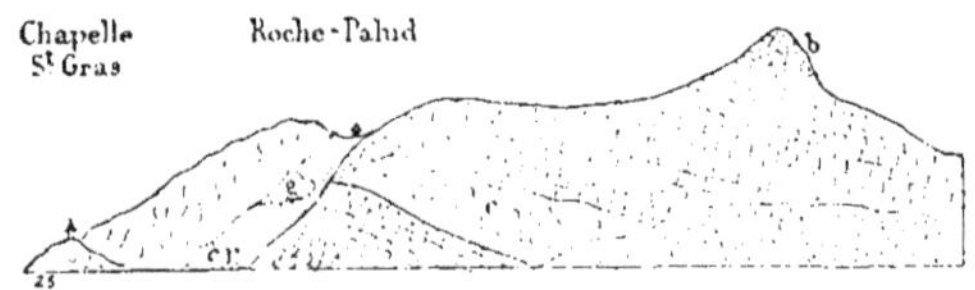

Fig. 25. — *e*, Eboulis ; *g*, Gypse ; *cr*, Couches rouges ; *m*, Malm ; *c*, Cargneule; *d*, Dogger ; *b*, Brèche; *l*, Lias.

Le Pradely. — A en juger par l'aspect général, on s'attendrait à trouver à la partie supérieure du Pradely des terrains analogues, sinon identiques à ceux du plateau des Gets, c'est-à-dire les couches éocènes du Flysch. C'est bien ainsi du

te que j'avais dans mes premières tournées géologiques, colorié la plus
ande partie de cette région. J'ai dû plus tard reconnaître que j'avais fait
reur, et constater que les roches calcaréoschisteuses, siliceuses, etc., de
tte région appartenaient bien réellement au Dogger. Même certains cal-
ires bleus que je considérais comme néocomiens se confondent avec les cou-
es de brèche ou alternent avec celle-ci, et constituent les nombreuses
pointes » qui accidentent cette surface.

C'est au milieu même du groupe des châlets de Roche-Palud que l'on observe
 passage et l'alternance des bancs de calcaire du Malm aux bancs de brèche
u même terrain, qui, sur certains points, prédominent exclusivement. On est
'ailleurs ici dans l'axe même de la faille de Matringes, qui va se terminer au
ord, aux Escaliers de Mieussy. Le Dogger se présente sous un faciès calcaréo-
chisteux avec rognons siliceux bien caractérisés.

Laissant, pour le moment, de côté la région dolomitique de Somau, nous nous
irigeons à l'est et arrivons dans les dépressions ravinées qui descendent du
groupe de sommités du Haut-Fleury. On a ici la superposition régulière et bien
ccusée de la Brèche à gros éléments formant les sommités, de Dogger calca-
éoschisteux sur les pentes et enfin le Lias supérieur au fond des dépressions.

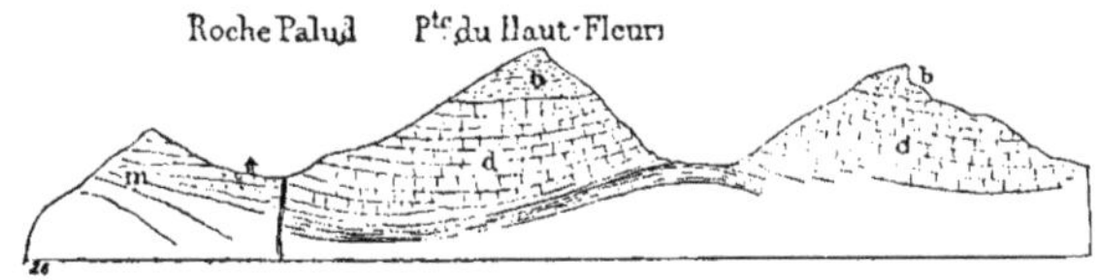

Fig. 26. — *b*, Brèche ; *m*, Malm ; *d*, Dogger ; *l*, Lias.

La coupe ci-dessus est plutôt schématique que réelle. Elle n'a, du reste, d'autre
but que de faire ressortir la présence du lias à la base des sommités (sans nom
sur la carte) qui constituent une ceinture autour du lac de Roi.

Quant au Pradely proprement dit, il est constitué par le Dogger calcaréo-
schisteux, avec dépôts glaciaires et blocs erratiques de brèche.

Lorsqu'on s'élève de l'auberge de Pradely vers la Pointe de Marcelly, on
quitte ces couches schisteuses et on arrive à des calcaires bleus compactes, alternant avec des bancs de brèche, puis cette roche finit par prédominer jusqu'au
sommet.

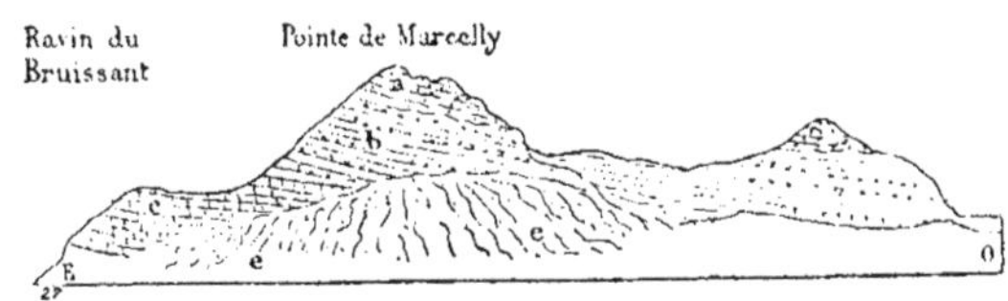

Fig. 27. — *e*, Éboulis ; *a*, Brèche du Malm ; *b*, Calcaire et brèche en alternance ;
c, Dogger calcaréo-schisteux.

De grands dépôts d'éboulis s'étendent à la base de cette sommité et révèle
l'action incessante de l'érosion par les agents atmosphériques. C'est ainsi p
exemple qu'il est impossible de suivre l'arrête à dos tranchant qui réunit l
deux sommités de notre coupe fig. 27, aussi dois-je convenir que la distincti
entre le Malm et le Dogger est ici plus ou moins arbitraire.

Crêt-Roti, Haute Pointe. — Revenons maintenant à la klippe de Malm d
Matringes que nous avons abandonnée à Roche-Palud où elle s'infléchit vers l
nord-est. Bientôt après, ce massif calcaire est affecté par un nouvel accident
l'abrupt occidental s'infléchit brusquement au nord ouest, et se relevant fort
ment constitue le Crête-Roti, haut de 1795 mètres. Cette montagne calcaire con
traste d'une façon singulière avec le contrefort de Flysch qui s'étend au-dessou
d'elle, mais elle ne tarde pas à s'abaisser, au col de Soman, pour se relever en
suite et former la Haute-Pointe, de 1963 mètres et aller disparaître vers la vallée de Bellevaux.

La structure de la roche calcaire qui constitue ces deux sommités est absolument massive. On ne peut y reconnaître une stratification quelconque. En revanche on observe au versant occidental de la Haute Pointe une disposition très
remarquable dont voici la coupe.

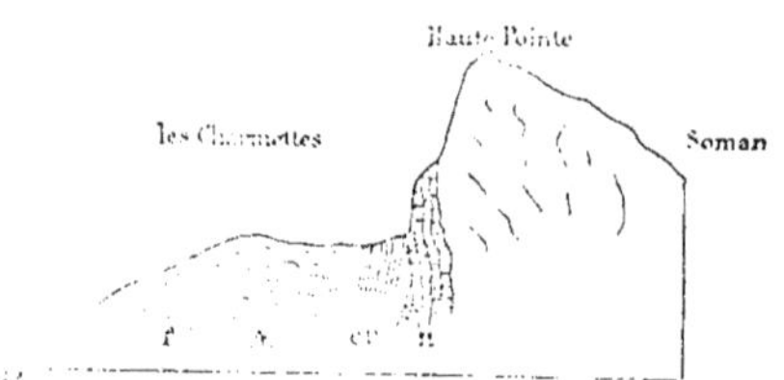

Fig. 28. — *f*, Flysch : *cr*, Couches rouges ; *n*, Néocomien : *m*, Malm.

Un chemin très étroit longe la paroi de rochers, taillée tantôt dans le Malm,
tantôt dans le Néocomien en couches minces, ondulées, pénétrées de rognons
siliceux, il conduit des Charmettes dans la vallée de Bellevaux, tandis qu'un
autre sentier se dirige à l'est par le col du Cordon à Soman et au Pradely [1].

En suivant celui ci, on arrive tout à coup à un enfoncement dans lequel on
voit apparaître des roches calcaires et siliceuses, à texture grossière, qui ne
peuvent être autre chose que du Dogger, en affleurement très restreint, mais qu'il
n'est pas moins singulier de trouver ici. Et, pour comble de surprise, on voit
au col même les couches rouges, bien caractérisées, remplir la dépression entre
le Crêt Roti et la Haute Pointe.

[1] Il règne ici une grande confusion dans les noms géographiques. Ainsi, la Haute Pointe
est indiquée par Favre sous le nom de Pointe de Soman, le Crêt-Roti est la Pointe de Ro-
vagne (?) Les pâturages sont indiqués dans la carte sous le nom de Farguet, les Mouilles,
Vannes et non Soman. Le col de la Ramaz paraît être Praz-l'Evêque, qui n'est pas dans la
carte, etc.

Au versant sud, les couches rouges s'étalent un peu sur le Malm. puis on
asse au Dogger normal, calcaréo-schisteux et enfin au faciès de la cargneule.
elui-ci prend un développement considérable dans la région que traverse

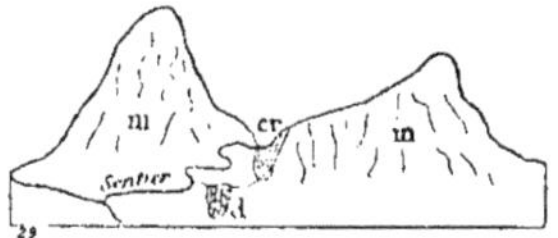

Fig. 29. — *cr*, Couches rouges ; *m*, Malm ; *d*, Dogger.

e chemin du col de Savon (Chavan). Ce n'est qu'en redescendant vers le ver-
ant nord qu'on retrouve le faciès normal du Dogger. auquel succède le Flysch
le Bellecombe et de Petéteau.

Soman, Vésine, Chalet-Blanc, Col de la Ramaz. — Un marais tourbeux isole
les cargneules dont je viens de parler de celles qui accompagnent le gypse de
Soman dont la position énigmatique n'a cessé de me préoccuper depuis la première fois que j'eus l'occasion de l'observer. On sait que Favre le rangeait dans
le Trias, considérant toute cette région comme liasique. Nous avons visité le
gisement, M. Michel Lévy, M. Renevier et moi, en 1891, mais sans pouvoir nous
mettre d'accord sur l'âge et la position stratigraphique de ce terrain. Tenant
compte de *toutes* mes observations dans la région du Chablais que j'ai étudiée,
je crois devoir maintenir son attribution au Dogger, soit jurassique inférieur.

Nous venons de voir que la cargneule est très développée à l'ouest de la Pointe
de Vésine. Elle l'est d'une façon non moins remarquable à l'est de ce massif, au
col de la Ramaz (Praz l'Evêque) et aux Mûnes. Rien de plus caractéristique que
l'aspect de ces roches grises, celluleuses. souvent friables et d'aspect scoriacé,
des alentours du chalet de Vésine et du Chalet-Blanc, jusque au col qui commu-
nique avec le grand ravin du Foron. On ne peut, à mon avis. placer le gypse à
un autre niveau que celui des cargneules de toute cette région.

Ce qui complique la question, c'est la présence, dans une proximité immédiate, de nos couches rouges Sénonien) formant une ceinture continue au massif
de Malm de Vésine, des Mouilles au col de Vésine. ainsi que la disposition verticale de ces schistes. Il faut nécessairement admettre pour ce terrain une superposition transgresssive sur les terrains plus anciens, et renoncer à découvrir les
plis synclinaux auxquels correspondent les lambeaux de ce terrain.

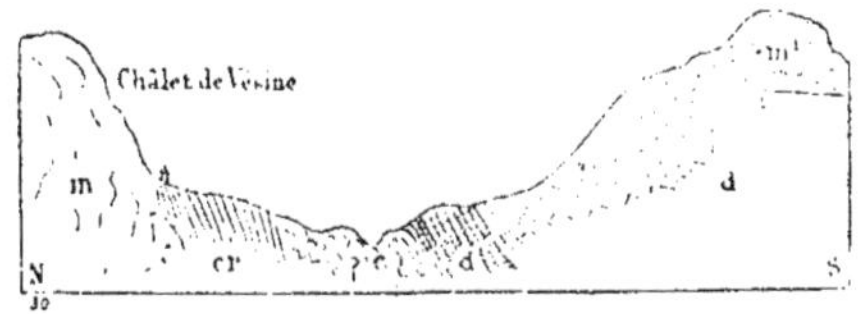

Fig. 30.— *cr*, Couches rouges ; *m*, Malm calcaire ; *m¹*, Malm brèche ; *d*, Dogger calcaire ;
d¹, Dogger calcaréo-schisteux ; *c*, cargneule ; *g*, gypse.

Une disposition analogue à celle du col de Soman se retrouve au col-de-Vé
sine. Les couches rouges, reserrées entre deux massifs de Malm, prennent a
versant sud un grand développement et se superposent au Dogger calcaréo-schi
teux et aux cargneules du ravin du Foron. Elles forment même sous le Châl
Blanc une saillie remarquable par la verticalité des couches, puis elles disp
raissent, sous les éboulis et la petite moraine que nous avons signalée antérieu
rement.

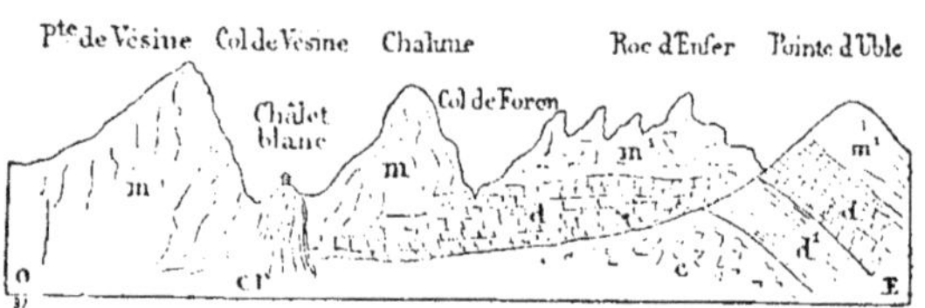

Fig. 31. — *cr*, Couches rouges ; *m*, Malm calcaire ; *m*¹ Malm brèche ; *d*, Dogger supérieur ;
*d*¹, Dogger calcaréo-schisteux ; *c*. Cargneule.

Chalune.—Cette montagne que les habitants appellent, suivant Favre, la *Pinte
dé*, la *Patte d'oie*, est une sommité de 2119 m. de hauteur, de laquelle se détachent
plusieurs arrêtes rocheuses, disposées en éventail, et se terminant en abrupt vertical au nord, à l'ouest et à l'est. Toute cette masse est composée de calcaire
compacte blanc. sans stratification, ou à stratification confuse. C'est le Malm,
le calcaire jurassique supérieur dans ce qu'il a de plus caractéristique. Nulle
trace, dans les dépressions, de roches schisteuses ou dolomitiques qui auraient
contribué à donner lieu aux érosions si curieuses de cette masse, ce sont là des
Karenfelder tout ce qu'il y a de plus caractéristique.

Massif du Roc d'Enfer. — Un étroit passage de 50 mètres à peine, sépare au
col de Foron le massif de Chalune de celui du Roc d'Enfer. D'un côté on a le
Malm calcaire bien caractérisé, de l'autre la brèche du Malm. Le sentier est
tracé dans les roches calcaréo-schisteuses que j'avais d'abord considérées comme
Flysch, et qu'il faut reconnaître comme étant du Dogger.

Le Roc d'Enfer n'est du reste que la cime la plus élevée, la *dent* la plus élan-
cée, du groupe compris entre le passage de Graidon et le ravin du Foron. Il y a
là un dédale inextricable de rochers plus ou moins inaccessibles, au milieu des-
quels j'avoue n'avoir eu ni le courage ni le temps de m'aventurer.

Lorsqu'on se rend de Graidon au Roc d'Enfer, on longe à droite la base d'une
arrête rocheuse de Malm, laissant à gauche des pentes couvertes d'éboulis, superposés aux couches de schistes calcarifères du Dogger. Lors de mon ascension,
je remarquai, en outre, des couches rouges, que j'ai tout lieu de considérer
comme les ardoises du Lias supérieur. Parvenu au fond de ce cirque on se
trouve au milieu de la Chaux-de-vie et d'une remarquable accumulation de
blocs éboulés ou bien provenant de la moraine d'un glacier local.

La roche sous-jacente à ces blocs est un calcaire roux en dalles minces, à cassure spathique ; les couches sont verticales et occupent la place du Dogger, dont elles présentent tous les caractères Un sentier conduisant de Graidon à la Côte d'Arbroz traverse l'arrête des Rochers de Graidon. Au versant sud, les roches changent de nature, les bancs de brèche alternent avec des calcaires homogènes, en dalles régulières que j'avais d'abord considérées comme néocomiens. Plus bas, Vers-les-Prés, on passe du Malm au Flysch, de la Côte d'Arbroz et de la Pointe de Chéry. Ici, la zone du Malm s'infléchit vers le sud, formant à l'ouest un abrupt qui entoure le cirque de Dogger du Foron, ouvert au sud, par une cluse étroite, en partie remplie par des dépôts glaciaires formant de petites moraines à Combafoux.

Fig. 32. — *f*. Flysch ; — *b*. Brèche du Malm ; — *d*. Dogger.

La Pointe d'Uble. — J'ai éprouvé de grandes difficultés pour arriver à comprendre la structure de cette montagne, dont l'aspect change totalement suivant le côté où on l'envisage. J'ai donné dans la fig. 32 le profil très caractérisé montrant les superpositions régulières de la Brèche du Malm formant la sommité, du calcaire à silex, des couches calcaréo-schisteuses, et enfin de la cargneule du Dogger inférieur.

Mais si, traversant le col qui sépare cette montagne du massif du Roc d'Enfer on descend sur Foron on voit apparaître plusieurs gradins de Brèche, au lieu de la série des couches du versant occidental. Il y aurait ici, à mon avis un nouveau fait de décrochement vertical, analogue à celui de la Pointe de Marcelly.

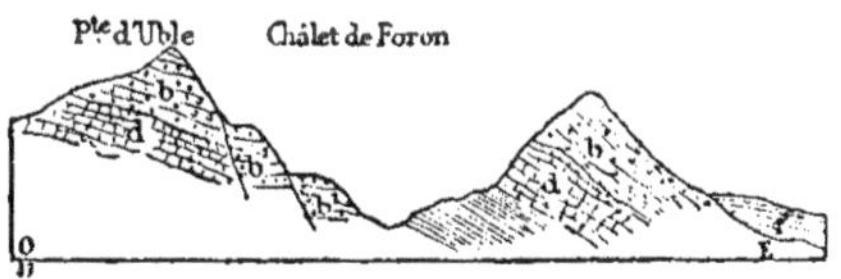

Fig. 33. — *f*. Flysch ; — *b*. Brèche du Malm ; *d*. Dogger ; B′ Décrochement de la Brèche.

MASSIF DE LA POINTE D'ORCHEX.

Comme le Môle, la Pointe d'Orchex est constituée en presque totalité par le Dogger, en couches très redressées. Cette montagne forme ainsi une espèce de klippe indépendante de tout autre masssif, entourée à l'ouest et à l'est par le Flysch, limitée au nord et au sud par une faille.

Les terrains semblent avoir subi l'influence d'actions mécaniques diverses failles verticales, décrochements, etc., suivie d'érosions qui ont fait apparaître le Lias au sud et au nord.

Si nous abordons l'étude de ce massif par le versant occidental, nous remarquons d'abord un certain développement des couches rouges, que l'on peut suivre depuis les bords du Giffre jusque près du col de Sur-le-Cou et, de ce point jusqu'à la route de Châtillon. Cette bande est évidemment le prolongement de celle de Matringes.

Ces couches rouges, verticales, s'interposent entre le Malm de la montagne et le Flysch de la Côte de Thiez.

Ce Flysch est lui-même très curieux à observer. Une tranchée de la nouvelle route au point culminant permet d'observer à l'est le Flysch schisteux et gréseux, à gauche les cargneules très vacuolcaires et bien caractérisées. Il ne peut y avoir de doute ici, la cargneule est éocène comme à Viuz. Elle constitue à quelques cents mètres plus à l'ouest un massif rocheux abrupt, qui a tous les caractères d'un énorme dépôt de tuf.

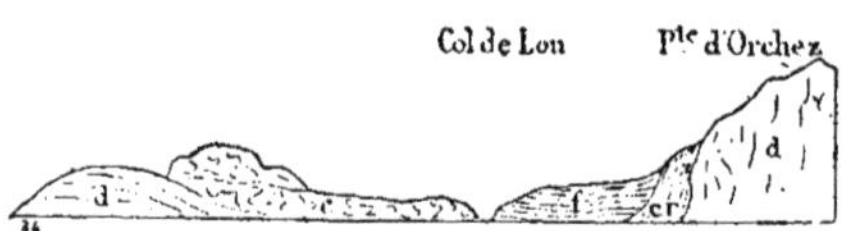

Fig. 34. — *f.* Flysch ; — *c.* Cargneules éocènes; — *cr.* Couches rouges ; — *d.* Dogger.

Ce n'est pas tout ; en descendant sur Thiez on rencontre plu-sieurs exploitations de gypse dont les relations avec le Flysch ne peuvent être établies bien positivement, mais ici, comme partout, le gypse étant associé à la cargneule je le considère comme éocène.

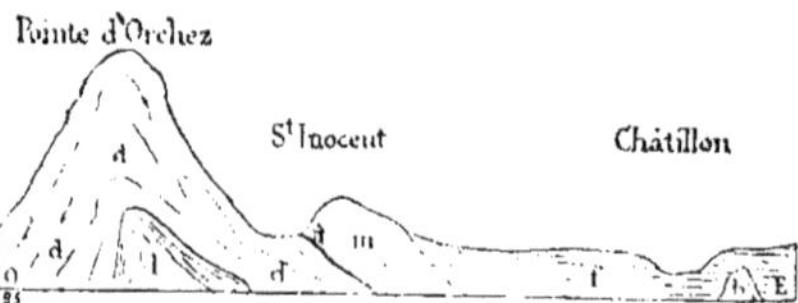

Fig. 35. — *f.* Flysch ; — *b.* Brèche de Châtillon ; — *m.* Malm ; — *d.* Dogger ; — *l.* Lias.

Comme l'indique notre coupe fig. 34, les couches rouges sont plaquées contre le Dogger. Celui-ci est constitué par un faciès mixte de schiste et de calcaire à rognons siliceux (charveyrons) En descendant du sommet vers Châtillon, on arrive à Vers Lard et à la chapelle de St-Inocent, colline de calcaire spathique que je considère comme du Malm. Mais ici la stratification devient si confuse, les éboulis si abondants, qu'il est extrêmement difficile de s'y reconnaître. Je n'ai en tout cas, pas été capable de retrouver ici le gisement de fossiles liasiques indiqué par Favre près des fours à chaux de Vellard (Vers-Lard).

En se rapprochant de Châtillon on rencontre les grès schisteux du Flysch. Ce terrain, ainsi que la curieuse brèche de Châtillon, a déjà été signalée par Maillard (*Bull. des services de la carte géol. et des Top. sout.* n° 22) qui la considère comme faisant partie du Flysch éocène, tandis qu'à mes yeux c'est une klippe de Brèche du Malm, ensevelie dans le Flysch.

6. PLATEAU DES GETS, ALPES NOIRES.

Deux failles ou dislocations profondes limitent ce massif ; l'une, entre Tanninges et Samoens, est parallèle à la vallée du Giffre, l'autre, de Samoens au col de Couz, met en contact les crêtes jurassiques et les dépressions liasiques avec le massif crétacé des Avoudens. du Criou, etc. A l'ouest, les limites sont plus conventionnelles que réelles. Je les ai fait connaître en partie dans le chapitre précédent. Enfin, au nord, je réunis à cette étude la région des Hautforts jusqu'au lac de Montriond, où commence à reparaître la disposition en synclinales et anticlinales qui caractérise les deux versants de la vallée de la Drance du Biot, dont l'étude est dévolue à M. Renevier.

Les terrains dont j'aurai à parler appartiennent à un petit nombre de divisions. La rareté ou l'absence de fossiles ne m'a pas permis de distinguer autre chose que des faciès du flysch, du Malm. du Dogger et du Lias. Nous ne trouvons plus ici de traces du Néocomien et des Couches rouges, mais en revanche les roches éruptives méritent de fixer notre attention.

Verchaix, Méveaultier, Ravin de Clévieux. — Tanninges sera encore notre point de départ pour la reconnaissance de ce massif.

La végétation forestière qui couvre le versant sud du plateau des Gets en rend l'étude très difficile. Si l'on veut bien se souvenir de l'analogie de certains faciès du Dogger calcaréo-schisteux avec le Flysch, on comprendra que j'aie été très embarassé de tracer la limite entre ces deux terrains. Dans mes premières déterminations j'avais même fait arriver le flysch jusqu'au contact des terrains glaciaires de la rive droite du Giffre.

Plus tard, je rencontrai une nouvelle source de difficultés par la présence de grands massifs de cargneule que leur superposition au Lias ne me permettait pas de considérer comme triasiques. Il fallut la solution de l'énigme sur d'autres points pour me tirer d'embarras.

Me bornant à signaler les nombreux cônes de déjection torrentiels que traverse la route entre Tanninges et le profond ravin de Valentine, je constate d'abord le grand développement de la cargneule triasique sur lequel est construit le village de Verchaix. On voit aussi reparaître cette roche sous la rive

gauche, mais elle s'enfonce sous les dépôts glaciaires très puissants entre Ma-
thonex et Samoens.

Sur le chemin qui, de Verchaix remonte vers les souces de Valentine, on marche constamment sur le Lias, calcaire noir, en couches régulières, schistes marneux, etc. De tous côtés des torrents amènent au courant principal les affluents
latéraux.

Ce n'est qu'au-dessus du châlet du Crot que l'on voit apparaître les calcaires
bruns à rognons siliceux du Dogger. Plus haut apparaît le Flysch, qui n'est toutefois bien caractérisé qu'à la surface du plateau.

Si maintenant nous prenons pour point de départ la faille de Samoens au col
de Coux, nous constatons de même, à partir de Vigny-Planprat, le Lias, couvert
par le glaciaire, visible seulement dans les ravins. A Méveaultier il disparaît,
et l'on se trouve en face d'un abrupt calcaire dont voici la coupe :

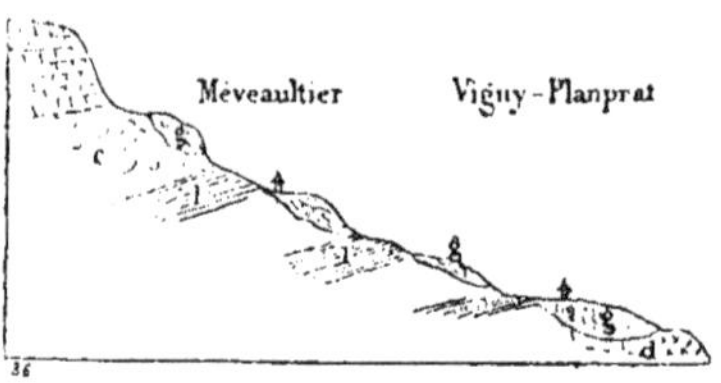

Fig. 36. — *g*. Glaciaire. *d*. Dogger. *c*. Cargneule du Dogger. *l*. Lias. *d*. Dolomie triasique.

Nous sommes donc en présence de ce phénomène singulier d'une récurrence
des cargneules séparées par le Lias. Je reviendrai plus loin sur ce sujet.

Le chemin du col de Jouplane fait ici un détour à gauche et se développe sur
les pentes gazonnées du Dogger de Valentine. Au point culminant il se rapproche du Lias et descend ensuite vers Jouplane dans un ravin également liasique.

Si, de Méveaultier, au lieu de faire l'ascension, nous nous dirigeons à l'Est,
nous cheminons constamment sur le Lias, visible à la Rosière, Charrière, et
bientôt nous nous trouvons en face d'un ravin profond sur les flancs duquel
l'érosion s'exerce constamment, et dans lequel aucune végétation ne peut se
fixer. Il est à remarquer que l'action destructive s'exerce exclusivement sur les
roches liasiques et que le Dogger n'en est nullement affecté. En approchant du
lit du torrent on voit apparaître de puissants massifs de cargneule, les uns éboulés, les autres en place ; nous sommes évidemment ici en plein trias, ce que
confirme du reste l'existence d'une source sulfureuse sur la rive droite.

Pointe d'Augollon, la Golèze, les Nions. — La pointe d'Augollon, sommité de
2090 mètres, constitue le point de divergence de plusieurs chaînons affectant
des directions variées, dominant de profonds ravins. Le relief principal est
formé des couches variées du Dogger calcaréo-schisteux, des calcaires à silex,
etc. Les cargneules n'apparaissent nulle part, mais vers la partie supérieure on

on passe, par transition, à la Brèche du Malm, qui constitue les pitons les plus
élevés, en particulier celui des Nions. Malheureusement le dessin de la carte ne
fait nullement ressortir le relief réel, l'orographie du sol. Au lieu des formes
arrondies de la carte on se trouve en présence d'arrêtes à dos tranchant, d'a-
brupts presque verticaux, sur lesquels il serait dangereux de s'aventurer ; aussi
l'étude des assises est-elle particulièrement difficile.

Le fond des ravins est occupé par le Lias qui présente, sur certains points,
des coupes intéressantes. Ainsi, aux châlets de Bon-Morand, les couches de cal-

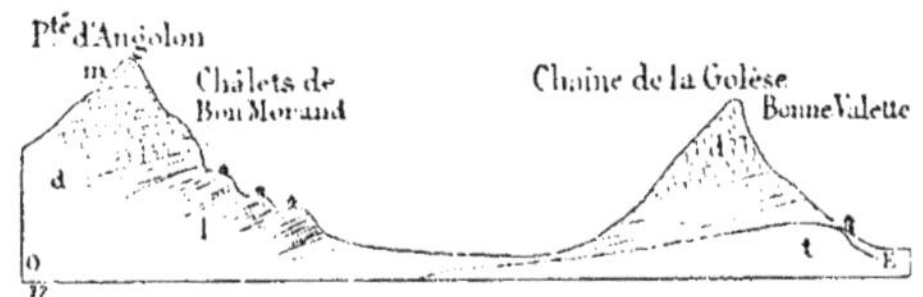

Fig. 37. — *m*, Brèche du Malm ; *d*, Dogger ; *l*, Lias ; *t*, Trias.

caire noir, spathoïde, du Lias, alternent avec des schistes ardoisiers, et forment
plusieurs gradins sur lesquels sont construits les châlets.

Orographiquement on est ici au fond d'un cirque pareil à ceux du Jura, avec
cette différence que les deux versants sont en couches synclinales et à peu près
horizontales. A l'est, le prolongement de la pointe de la Golèze, formé du Dogger
et du Lias, laisse apparaître le Trias à Bonne-Valette et à Vigny, où l'on connaît aussi une source sulfureuse. Plus à l'est encore, à Chardonnières, se rencontre la faille qui met en contact le Lias et le Flysch.

Pointe de Ressachaux, les Hautforts. — Ici encore le Dogger prédomine presque
exclusivement, le Lias n'apparaît que dans des ravins d'un accès difficile, ce
qui en rend l'étude ingrate et pénible. De vastes surfaces sont constituées par
des éboulis incultes, particulièrement au versant nord des Hautforts. Partout,
excepté sur les sommets, règne le faciès de la Brèche, alternant avec des calcaires à rognons siliceux ; aussi mon collègue M. Renevier croit-il à propos de
ne faire, dans cette région, aucune distinction entre le Dogger et le Malm. Je
ne saurais partager cette manière de voir, ayant constaté l'alternance des calcaires à silex du Dogger avec les bancs de brèche.

Fig. 38. — *f*, Flysch ; *m*, Brèche du Malm ; *d*, Dogger ; *L*, Lias.

Une série de failles paraît affecter le grand massif de Dogger, surmonté de
brèche au nord de la vallée de la Drance (fig. 38).

Morzine, Montriond, Avoriaz. — Le relief des montagnes que nous venons d'é-tudier est dû en grande partie aux phénomènes d'érosion. Au nord des Haut-forts, il semble n'en être plus de même. Des axes se dessinent, et aux ardoisières de Morzine le Lias plonge sous le Dogger pour aller reparaître au lac de Mont-riond ; aux châlets d'Avoriaz le Flysch surmonte le Dogger et, passant sous les châlets de Zore, vient s'étaler jusqu'au fonds de la vallée de la Drance.

L'étude du Dogger est rendue difficile par les escarpements abrupts que présente la tranche des couches. Pourtant, j'ai pu me convaincre du fait que les couches à rognons siliceux constituent la partie inférieure et reposent sur les schistes ardoisiers du Lias. Vers la partie supérieure, apparaissent les calcaires purs, alternant avec les bancs de brèche, mais je renonce à distinguer ici un massif de Malm.

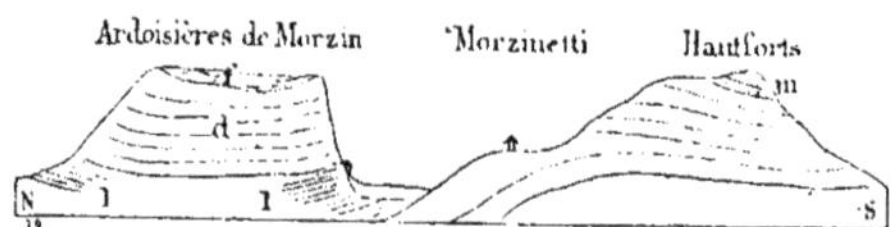

Fig. 39. — *f.* Flysch ; *m.* Malm, brèche : *d.* Dogger ; *l.* Lias.

Plateau des Gets. Pointe de Chéry. — Le grand dépôt de Flysch qui occupe la partie supérieure de notre massif est divisé en deux parties par une dépression, le col des Gets. correspondant plus que moins à une synclinale très élargie ; le village des Gets se trouve au point de partage des deux cours d'eau, dont l'un se dirige sur la Drance du Biot, l'autre est un des affluents du Foron.

La Pointe de Chéry. haute de 1838 mètres, n'est en quelque sorte que le té-moin le plus élevé de la formation éocène primitive de ce plateau. Ravinée de tous côtés. elle présente une remarquable uniformité dans la nature des terrains qui la constituent. C'est un grès tendre, sableux, très analogue à certaines mo-lasses. Les bancs de grès dur, les schistes calcaires à helminthoïdes sont très rares et semblent même manquer sur de grandes surfaces.

La région sud est plus variée, mais l'humidité du sol, l'altitude élevée de 1200 à 1500 mètres sont aussi des éléments défavorables à la culture du sol. Des dépôts glaciaires remplissent souvent les dépressions et semblent êtres les mo-raines de petits glaciers locaux. Enfin le Flysch est beaucoup plus variable dans sa composition que sur le versant nord.

Roches éruptives. — Les roches éruptives affleurent sur cinq points différents du plateau des Gets. Chacun de ces affleurements présente des caractères parti-culiers.

La Rosière. — Le plateau des Gets se termine à l'ouest par une colline allon-gée sud-nord dont le versant occidental présente un abrupt presque vertical sur le ravin du Foron, tandis que le versant oriental est arrondi et couvert de prairies. Lorsque, quittant la route des Gets, on se dirige sur le châlet de la Ro-

re, construit au point culminant, on traverse d'abord des dépôts glaciaires
ez puissants, puis on voit apparaître le Flysch avec bancs de grès et schistes
illetés, et l'on arrive sans transition, à une roche granitique, déterminée
nme *granulite* par M. Michel Lévy. Aussi longtemps que l'on suit le chemin,
r une longueur de près d'un kilomètre, l'affleurement, ne se traduit par aucun
ief apparent. En revanche, il suffit de gagner avec prudence le bord de l'es-
rpement pour observer une roche d'un caractère très différent. la *porphyrite*
couleur noire ou vert foncé, et que l'on prendrait au premier abord pour de
serpentine massive. Cette roche se trouve aussi en blocs épars à la surface de
protogine.

Fig. 40. — *gl*, Glaciaire ; *f*, Flysch ; *g*, Granulite; *p*, Porphyrites; *d*? Dogger.

Comme on le verra par la coupe fig. 40, nous avons là des roches massives,
n place, formant klippe, recouvertes encore partiellement par le flysch. L'es-
arpement occidental est trop abrupt pour que j'ai pu m'assurer si elles sont en
contact avec le Dogger [1].

Chalet de Balme. — A un demi-kilomètre de la Rosière apparaissent les
sources d'un *Nant* [1], ou torrent qui va se jeter dans le Foron. Elles sourdent du
Flysch même composé de bancs de grès et de schistes calcaires, feuilletés. Un
peu plus loin apparaissent des schistes verts amphibolitiques, serpentineux, très
délitables. Dans le lit du torrent, blocs épars de granulite, et surtout de porphyrite augitique et amphibolique. roche excessivement dure et tenace, mais
qui n'existe qu'en blocs peu volumineux.

Plus loin encore. apparaissent de gros blocs de conglomérat formés de no-
dules de porphyrite vacuolaire. dont la couleur violacée, terreuse, évoque l'idée
de roches éruptives volcaniques récentes.

Une coupe en travers du torrent donne la disposition suivante.

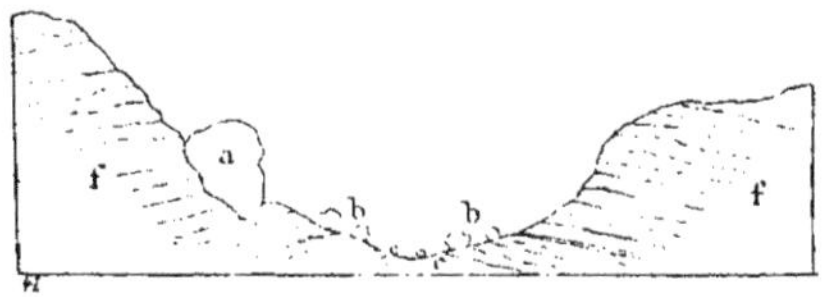

Fig 41. — *a*, Bloc de conglomérat ou brèche porphyritique ; *b*, Blocs de porphyrite à gros
cristaux; *c*, Schistes verts décomposés ; *f* Flysch.

[1] M. Tavernier a proposé de l'appeler Nant du porphyre et a décrit le gisement sous ce titre
dans sa notice sur les *Roches cristallines du canton de Tanninges.*

Mouille-Ronde. — Cet affleurement se présente dans des conditions semblables à celui des châlets de Balme, c'est-à-dire dans un ravin entouré de Flysch. Il a sur celui-ci l'avantage de présenter la roche en place, et non plus seulement des blocs isolés ou une brèche de gabbro.

A la partie supérieure du ravin apparaît une roche décomposée vert foncé contenant des pyrites. Plus bas, à la jonction des divers ruisseaux qui forment le Marderel, la roche devient solide, massive, et forme entre les deux ruisseaux une sorte de dyke, résistant à l'érosion, d'euphotide ou gabbro, à gros cristaux noirs et blancs. Les variétés andésitiques à grands cristaux d'oligoclase et à smaragdite manquent, ou ne sont représentées que par des galets ou blocs isolés. Il en est de même des porphyrites variolitiques rougeâtres avec vacuoles.

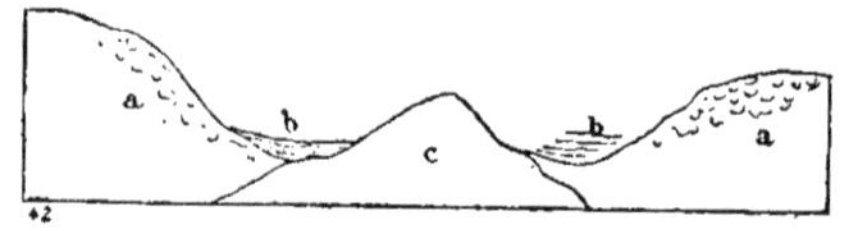

Fig. 42. — *a*, Glaciaire ; *f*, Flisch ; *b*, Roche décomposée ; *c*, Euphotide ou gabbro.

Au-dessous du point indiqué par notre coupe fig. 42, la roche éruptive disparaît, et la berge du torrent est constituée par des schistes calcaires, noirs un peu micacés, du Flisch.

Les Attraits sur Morzine. — C'est en 1890 que, par hasard, j'ai découvert ce pointement de roches éruptives. Je dis par hasard, parce que j'avais cherché inutilement dans tous les ravins autour des Gets les affleurements que l'on pouvait supposer devoir exciter, et que je ne m'attendais nullement à retrouver ces roches dans des conditions semblables à celles de la Rosière, c'est-à-dire formant une saillie ou klippe bien accusée.

Ce qui rend la découverte intéressante, c'est que nous retrouvons ici la granulite massive, développée en surface, et, on n'en peut douter, en profondeur. Même structure cristalline, même dureté, même surface arrondie et moutonnée, tels sont les caractères du pointement granulitique des Attraits, qui est, en quelque sorte, le *pendant* de celui de la Rosière, quoique pourtant moins étendu en longueur.

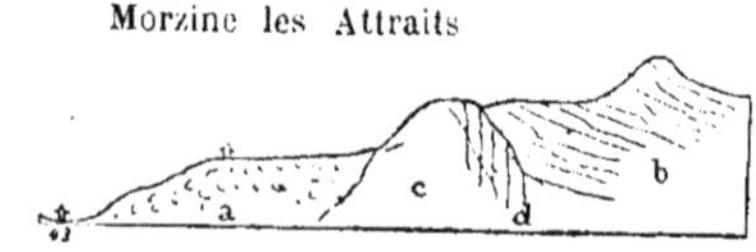

Fig. 43. — *a*, Glaciaire ; *b*, Flysch ; *c*, Granulite ; *d*, Porphyrite.

Mais, ce qui me paraît plus intéressant encore, c'est de retrouver la porphyrite rougeâtre à petits cristaux et vacuoles dans une position latérale à celle de la granulite.

ıfin, pour comble d'analogie nous trouvons au sud,à 200 mètres de ce poin-
ent un affleurement de brèche mis à nu par érosion, rappelant par consé-
ıt le gisement des chalets de Balme.C'est un véritable magma de porphyrite
'euphotide, d'ophite andésitique, aux couleurs vives et variées. L'affleure.
ıt est du reste peu étendu et présente l'aspect ci-dessus.

. 44. — *a*, Flysch ; *b*, Schistes amphiboliques décomposés ; *c*, Brèche de porphyrite, etc.,
blocs de porphyrite andésitique, très durs.

NOTES ET ADDITIONS

Note A. — **Flysch**. — Il m'a toujours paru oiseux de discuter sur la superposition
du flysch et du nummulitique. Ce sont deux faciès contemporains, ne différant que
par leurs caractères pétrographiques. Dans les Alpes Vaudoises, M. Renevier a
découvert les Nummulites dans le flysch, ou plutôt dans la brèche cristalline du flysch.
qui constitue la partie supérieure de l'éocène, composé surtout de Nummulitique,
qu'il divise en trois assises. Il ne paraît pas avoir rencontré le faciès à gypse et
cargneule.

Dans les Alpes Bernoises, le flysch prédomine exclusivement, comme dans notre
région. Il constitue une chaîne aussi élevée que celles des terrains secondaires, et
M. Gilliéron déclare n'avoir observé aucun gisement de Nummulitique. En revanche,
il constate l'existence du faciès des gypses, cargneules, et dolomie éocènes, qui
apparaît ça et là à la base des dépôts du flysch, et dont il ne peut admettre l'âge,
triasique. Il y a, par conséquent, une grande concordance dans les caractères de
l'éocène des Alpes Bernoises et du Polygone chablaisien.

Note. B. — **Couches rouges**. — M. Gilliéron a présenté dans sa *Description
géologique des territoires de Vaud, Fribourg*, etc., un aperçu historique très
fidèle et très complet de la controverse relative à la découverte des couches rouges
représentant le crétacé supérieur dans les Alpes suisses. Signalées au pont de
Wimmis, au débouché du Simmenthal, elles furent considérées, tour à tour, comme
crétacées, jurassiques moyennes (oxfordien, corallien), et même réunies à l'éocène
La découverte de divers fossiles, Inocérames oursins, foraminifères monostègues, etc.,
confirma la première appréciation et l'âge crétacé de ces couches, correspondant plus
ou moins aux schistes et calcaires de Seewen, dans lesquels on a recueilli l'*Anan-
chytes ovata*.

Que nos couches rouges du Chablais correspondent aux couches rouges des
Alpes suisses, c'est ce qui ne peut faire de doute, seulement il est bien entendu qu'il
ne s'agit pas des calcaires rouges de la Vernaz, qui sont du Malm jurassique. En
revanche, il faudra rapporter à cet horizon les nombreuses indications du lias, du
keuper, du trias de Favre dans ses *Recherches*.

J'ai beaucoup hésité sur le point de savoir s'il ne conviendrait pas d'employer pour
cette étude l'expression de *Sénonien*, de préférence à celle de couches rouges. Mais
comme nulle part on n'observe les divers étages des grès verts, on peut en inférer
que ces couches représentent tout aussi bien des étages inférieurs que le Sénonien.
D'autre part, le Sénonien du Faucigny présente un faciès bien différent, celui d'un
calcaire blanc compacte, et non point argileux hydraulique, comme celui du Chablais.

Note C. — **Brèche du Chablais**. — Les limites de ce travail ne me permettent pas,
autant qu'il eût été désirable, de coordonner mes observations avec celles des alpes
suisses. Cependant, la Brèche du Chablais ayant fait le sujet de l'un des chapitres du

grand Mémoire de MM. H. Schardt et E. Favre, dans les *Matériaux pour la car géologique de la Suisse* (1), je ne puis me dispenser d'en dire quelques mots.

Dans ce Mémoire, l'étude de la Brèche du Chablais est comprise dans celle d terrains éocènes. Les auteurs s'expriment ainsi : « Si nous rangeons ce terra exclusivement dans l'éocène, ce n'est pas que cette classification nous satisfasse tous les égards, mais elle a pour elle des faits qui la rendent excessivement prob ble. » Or ces faits se résument à ceci, c'est que « la brèche enveloppe non-seuleme des *klippes* liasiques, mais plus souvent encore des klippes de Dogger, de Malm de Crétacé, tout comme le flysch du Niesen entoure les klippes de la vallée de Ormonts. » Il est évident que, dans ces conditions, la Brèche ne pouvait continu à être rangée, comme l'avait fait Alphonse Favre, dans le Lias, mais il n'y ava aucune raison plausible de rapporter à l'éocène l'énorme épaisseur de 1300 mètres de chaînes voisines de la Dent du Midi. Au reste, la classification de MM. E. Favre (H. Schardt repose bien plutôt sur l'interprétation des travaux d'A. Favre que su l'étude géologique de la région elle-même, ainsi que j'ai pu m'en assurer en visitan la région limitrophe ou frontière de notre territoire. Au col de Chésery, à la Point du Corbeau et aux Hautforts règne le faciès bien accusé de la Brèche du Chablais superposée au Lias et constituant en partie le Dogger. Il n'y a d'ailleurs aucu rapport entre le conglomérat éocène du Mont-Vouant (2) et la véritable Brèche d Chablais, non plus qu'avec la Brèche du Niesen. Quant à la Brèche de la Hornflu coloriée comme jurassique dans la carte, feuille XVII, ne l'ayant pas observée moi même, je m'abstiens de me prononcer sur son âge, estimant d'ailleurs que de rapprochements basés, sur certaines analogies de faciès, sont toujours très risqué lorsqu'ils ont pour objet des terrains éloignés les uns des autres.

Note D. — **Dolomies et cargneules du Dogger**. — Au moment où je constatai d'une manière incontestable la nécessité de ranger dans le Dogger une partie des nombreux gisements de roches dolomitiques, de cargneules, et même de gypse du Chablais, je ne connaissais aucun exemple, aucune citation, d'un fait de ce genre. Je consultais les différentes monographies des Matériaux pour la carte géologique de la Suisse dans la région subalpine sans y trouver aucun indice. Ce n'est donc pas sans une profonde satisfaction, que au moment où j'étais occupé à la révision de mon manuscrit, je reçus le remarquable travail de M. E. Haug sur les *Chaînes subalpines entre Gap et Digne*, révélant la présence du gypse et des cargneules en plein terrain bathonien. L'auteur, il est vrai, hésite sur le point de savoir « si la masse est de formation secondaire, si elle constitue un dépôt régénéré, formé au détriment de masses situées à une plus grande profondeur. » Mais en retrouvant dans le Callovien, et sur plusieurs points de la même région, des intercalations plus ou moins considérables de gypse, il penche à croire à l'origine lagunaire de ces gypses calloviens. La coupe qu'il donne du gisement des Moulières (3), répond parfaitement au gisement de Soman, au sujet duquel il me restait encore quelque doute.

Ainsi, il me semble maintenant prouvé que, dans le Chablais, le faciès lagunaire, ou des dépôts halogènes de l'époque jurassique moyenne, montre son plein développement et qu'il est par conséquent inutile d'évoquer des dislocations, failles ou renversements capables d'avoir amené à la surface les gypses et cargneules, soit du Dogger, soit de l'éocène. A trois reprises, pendant le triasique, pendant le jurassique et pendant l'éocène inférieur, il s'est formé des dépôts de nature à peu près semblable, grâce aux oscillations et aux changements dans la profondeur des bassins marins de la région chablaisienne.

---

(1) 22e livraison. *Description géologique des Préalpes,*, etc., p. 492.

(2) *Descript. géol. des Préalpes*, etc., p. 494.

(3) *Chaînes subalpines*, p. 96.

9 782329 567587